Ernst Peter Fischer

Warum Spinat nur Popeye stark macht

Mythen und Legenden
in der modernen Wissenschaft

Pantheon

Verlagsgruppe Random House FSC-DEU-0100
Das für dieses Buch verwendete
FSC-zertifizierte Papier *Munken Pocket* liefert
Arctic Paper Munkedals AB, Schweden.

Der Pantheon Verlag ist ein Unternehmen der
Verlagsgruppe Random House GmbH.

Erste Auflage
Januar 2011

Lektorat: Annalisa Viviani, München
Umschlaggestaltung: Jorge Schmidt, München
Satz: Ditta Ahmadi, Berlin
Druck und Bindung: GGP Media GmbH, Pößneck
Printed in Germany
ISBN 978-3-570-55123-3

www.pantheon.de

Für Heinz und Karin, die wissen,
wo man ein solches Buch gut lesen kann.

Inhalt

VORKLANG

Die kleinen und die großen Fehler

In seinem Roman *Kaltenburg* erinnert sich Marcel Beyer an ein vertracktes Problem seiner Kindheit. Ihm fiel es schwer »anzuerkennen, dass die Seeschwalbe keine Schwalbe ist«. Aber das war nicht alles: »Die Krähenrabe ist mit der Krähe nicht verwandt, die Alpenkrähe keine Krähe, so wenig wie die Alpendohle eine Dohle ist, die Wasseramsel keine Amsel, der Wachtelkönig keine Wachtel« – und erst recht kein König, wie man hinzufügen könnte. Als Junge weigert sich der Autor, den vogelkundlichen Auskünften seiner Eltern Glauben zu schenken. Er wusste doch: »Der Bergfink lebt nicht in den Bergen, der Austernfischer ernährt sich nicht von Austern, die Schnatterente schnattert nicht, mit Eis hat der Name des Eisvogels nichts zu tun, und das Gefieder des Purpurhuhns ist durch und durch blau.«

Als erwachsener Mann kann Beyer die Fehler zwar erklären – zum Beispiel als Übersetzungsfehler aus einem griechisch-lateinischen Mischmasch –, aber er hat mit dem fehlinformierenden Wortsalat vor allem gelernt, dass es nötig ist, jeden Fall in Augenschein zu nehmen, um das jeweils Richtige höchstselbst in Erfahrung zu bringen. Man sollte nicht einfach nachbeten, was man vorgesagt bekommt, auch dann nicht, wenn niemand die Absicht hat, einen hereinzulegen oder anzuschmieren.

Diese Maxime soll auch für dieses Buch gelten. Es geht um die kleinen und die großen Fehler, die sich im öffentlichen Verständnis der Naturwissenschaften breitgemacht haben, sich hartnäckig als Mythen und Legenden halten und ein allgemeines Verstehen von Wissenschaft – das eigentliche Public Understanding of Science (PUS) – blockieren und mehr oder weniger verhindern. In vielen Fällen verbreitet sich ein Mythos durch einen falschen Namen, wie wir ihn in Beyers Roman bei den Vögeln finden. So spricht man zum Beispiel auch von der Spanischen Grippe, die als Pandemie seit dem Mai 1918 in Europa wütete und bis 1919 weltweit 25 bis 50 Millionen Menschen den Tod brachte. Die Bezeichnung erweckt den Eindruck, dass die Grippe von der Iberischen Halbinsel ausgegangen ist, was aber keineswegs der Fall ist. Der Infektionsherd der Spanischen Grippe lag vielmehr im amerikanischen Kansas, und zwar in einem Ausbildungslager der US-Armee. Von da brachten Soldaten die virulente pathogene Variante des Virus nach Europa, wo der Erreger auf eine durch Krieg und Kälte geschwächte Bevölkerung traf, die sich nur höchst mangelhaft ernähren konnte und unter verheerenden hygienischen Bedingungen lebte.

Nun lässt sich leicht argumentieren, dass die Bezeichnung Spanische Grippe zwar irreführend ist, doch wohl kaum dem richtigen Verständnis für den Krankheitsverlauf im Weg steht. Das trifft für das medizinisch relevante Geschehen bei den betroffenen Patienten möglicherweise zu, aber es macht uns zugleich ziemlich blind für die Tatsache, dass die mit einem europäischen Namen verknüpfte Infektion auch in den USA Menschenopfer forderte. Darüber hinaus löste sie eine Hysterie unter der dortigen Bevölkerung aus, in deren Verlauf viele unschuldige Menschen – Amerikaner wie Europäer – gelyncht wurden. Hätte jemand solche Gräueltaten mit einer Grippe in Verbindung gebracht?

Popeyes Kraftfutter

In vielen Fällen lohnt es sich also, genauer hinzusehen und Fehler aufzudecken, vor allem wenn dadurch möglicherweise Schaden von vielen Menschen abgewendet werden kann – etwa von den Kindern, die hierzulande immer noch mit Spinat vollgestopft werden, weil dieses Gemüse dem Vernehmen nach viel Eisen enthalten soll und dadurch angeblich superstark macht.

Übrigens: Warum und wie soll Eisen jemanden stark machen? Überträgt der gesunde Menschenverstand da einfach nur die Eigenschaften des Verspeisten (eines harten Metalls) auf den Speisenden und geht nach dem Motto vor: »Man ist, was man isst«?

Wie dem auch sei: Die Legende vom Kraftfutter Spinat verdankt ihre Verbreitung einer in den frühen 1930er Jahren auf Kinoleinwänden erscheinenden Comicfigur, die als Seemann Popeye mit Kapitänsmütze, Anker-Tattoo auf dem linken Unterarm, einem schiefen, verkniffenen Gesicht, Pfeife im Mundwinkel und einem zugekniffenen Auge bekannt geworden ist. Immer dann, wenn Popeye finstere Gestalten verprügeln oder irgendwelche Kraftakte starten will, futtert er eine Dose Spinat leer, und er beweist mit seinem jeweils unvermeidlichen Triumph, dass Spinat so stark macht wie der Zaubertrank der Gallier, mit dessen Hilfe Asterix und Co. die Römer in Schach halten. Und unsere Eltern haben dann gleich die dazugehörige Pseudoerklärung mitgeliefert, die sie weiß Gott wo herhatten (nur nicht aus ihrer Schulzeit). Sie besagte, dass Spinat den Seemann so stark macht, weil er so viel wertvolles Eisen enthält, das dann auf wunderbare Weise die Blutbildung – und mit ihr zugleich den Muskelumfang – fördert. Bei Popeye sehr imposant am Bizeps.

So klar es ist, dass Popeye den Spinatkonsum gefördert hat, so unklar bleibt, wie sein Schöpfer, der amerikanische Zeichner Elzie C. Segar, von der vorgeblich stärkenden und muskelbildenden Wirkung des Grünzeugs erfahren hat oder überzeugt wurde, die heute in das Reich der Legende zu verweisen ist. Wir können nur vermuten, dass er von der ersten Laboranalyse erfahren hat, die ein Chemiker in der Schweiz mit dem Spinat 1890 unternommen hat und bei der ein Eisengehalt gefunden wurde – 35 Milligramm Eisen in 100 Gramm getrocknetem Spinat –, der zwar zehnmal höher als der heute akzeptierte Wert lag, der damals aber sogleich von allen Ernährungsratgebern übernommen wurde. Sie schwangen sich auf diese quantitative Weise zu gefragten Experten auf, die anschließend Generationen von Müttern dazu gebracht haben, ihren Kindern das von den lieben Kleinen oft als ekelig empfundene Gemüse aufzutischen (was aber ganz sicher keinen Schaden angerichtet hat).

Warum die Panne passiert ist und der Eisengehalt bei der ersten Analyse viel zu hoch angegeben worden ist, bleibt im Dunkel der Geschichte verborgen. Gerüchten zufolge soll es sich einfach um einen Schreibfehler gehandelt haben: Der zuständige Wissenschaftler wollte 3,5 schreiben, vergaß aber das Komma. 3,5 Milligramm Eisen pro 100 Gramm Spinat wäre angemessen und vielleicht sogar richtig gewesen. Damit enthält das Blattgemüse allerdings weniger Eisen als Schokolade oder Leberwurst, um nur zwei Beispiele zu nennen, die gegensätzlicher nicht sein könnten. Wenn man Spinat empfehlen will – was hier trotz allem gern geschehen soll –, dann kann man dies wegen seines Geschmacks – wenn man ihn mag – und einiger Ballaststoffe und Vitamine tun, aber die kann man auch durch andere Nahrungsmittel zu sich nehmen, wie man leicht herausfinden kann.

Kleine und große Fehler

Natürlich haben einige Kinder den aufgetischten Spinat hinuntergewürgt, weil ihre Eltern durch wissenschaftliche Analysen überzeugt waren, etwas Gutes für ihre Schützlinge zu tun. Aber wir wollen dies als einen kleinen und leicht verzeihlichen Fehler ansehen, ebenso wie die oftmals gehörte Behauptung, Schokolade mache glücklich. Wer dies in unseren an neurologischen Abläufen besonders interessierten Zeiten sagt, versucht den kausalen Zusammenhang von Schokolade und Glücklichsein oft sogar mit der Biochemie des Körpers und des Gehirns zu erhärten und zu beweisen. Demnach braucht ein Mensch ein bestimmtes Hormon, um glücklich zu sein: Dieser molekulare Glücksbringer in unseren Nervenzellen trägt den Namen Serotonin. Wer Schokolade isst, so hört man immer wieder, steigert seinen Serotoninpegel und damit seine Stimmung. Das ist gar nicht so falsch, allerdings: Kartoffeln und Müsli bewirken dasselbe, und zwar ohne die (manchmal unglücklich machende) Nebenwirkung, die bei vielen Schleckermäulern als Rettungsgürtel um die Hüften herum zum Vorschein tritt. In der Tat – wenn jemand sich biochemisch glücklich machen will, sollte er eher auf Kartoffeln als auf Schokolade setzen. Auf Letztere sollte man dennoch nicht verzichten, vor allem dann nicht, wenn sie einem so gut schmeckt wie dem Autor (der weißer Schokolade mit ganzen Nüssen nicht widerstehen kann).

Wer sich anders verhält, begeht wissenschaftlich betrachtet bestenfalls einen kleinen Fehler. Dem steht allerdings direkt der große Fehler gegenüber, den auch das Spinatbeispiel erkennen lässt. Den ernst zu nehmenden und nachwirkenden Fehler begehen wir dadurch, dass wir meinen, Tatsachen seien unveränderlich, und zwar vor allem dann, wenn es sich um sogenannte wissenschaftliche Tatsachen handelt, die durch möglichst viele Zahlen untermauert werden (wozu in unseren Tagen die Ergebnisse von PISA-Bildungstests gehören, deren Resultate tatsächlich derart von Bildungsforschern als in Stein gemeißelte Offenbarung angebetet werden, dass man sich über deren eigene Bildung wenigstens etwas wundern darf).

Was von Experten präzise gemessen worden ist und mit ihrem Namen versehen schwarz auf weiß gedruckt vorliegt, das muss und wird für alle Zeiten stimmen – so denkt man fröhlich und irrt gewaltig. Die deutschen »Tatsachen« beinhalten wie die angelsächsischen »facts« (Fakten) in dem sie bezeichnenden Wort das Machen und Tun, das sie auszeichnet. »Facio, feci, factum« hat man früher im Lateinunterricht gelernt und unter anderem mit »ich fertige an« übersetzt. Ein »Faktum« ist etwas, das Menschen angefertigt haben, und dabei können sie bekanntlich irren. Mit anderen Worten: Gerade Tatsachen können sich dauernd ändern, und sie tun dies im Lauf der Geschichte immer wieder, manchmal sogar massiv und entscheidend – auch dann, wenn sie schon länger in Lehrbüchern stehen und an die Studierenden als wissenschaftliche Wahrheiten mit Ewigkeitsanspruch vermittelt werden.

Ein Beispiel dafür findet sich in der Entdeckung der Struktur des Erbmaterials DNA. Die berühmte Doppelhelix stand den beiden Molekularbiologen James Watson und Francis Crick erst in dem Moment vor Augen, als sie von den Tatsachen Abstand nahmen, die Chemielehrbücher ihrer Zeit – der frühen 1950er Jahre – über das Aussehen der Bausteine verbreiteten, aus denen die Erbsubstanz besteht. Ein anderes Beispiel hat mit sogenannten Cepheiden zu tun, die zu Beginn des 20. Jahrhunderts als veränderlich leuchtende Sterne am Himmel entdeckt worden waren und durch ihre Helligkeitsschwankungen die Möglichkeit boten, kosmische Entfernungen – etwa von der Erde zum Polarstern – zu bestimmen. Als man anfing, aus den dabei gewonnenen Daten das Alter des Weltalls zu ermitteln, tauchte das paradoxe Ergebnis auf, dass einzelne Sterne älter waren als der Kosmos, zu dem sie gehören. Aufgelöst wurde dieser Knoten durch eine Veränderung von Tatsachen. Man erkannte, dass es zwei Klassen von Cepheiden gab, und wenn man dies angemessen berücksichtige, rückten sich die Dinge am Himmel zurecht.

Man könnte noch viele falsche Tatsachen aufzählen, die wir der Wissenschaft verdanken – etwa die zu hoch ermittelte Menge an Gold, die Ozeane enthalten und mit der Deutschland die Reparationen nach dem Ersten Weltkrieg bezahlen wollte, oder die immer noch angenommene und am Ende dieses Buches widerlegte Möglichkeit, Menschen ließen sich durch unterschwellige (»subliminale«) Signale beeinflussen. Daraus lässt sich der Schluss ziehen, dass es sich lohnt, immer wieder aufmerksam zu sein, skeptisch zu bleiben und bei allem Zusichern Zweifel zu bewahren. Wissenschaft liefert zwar möglichst gute Daten, aber das bedeutet nicht, dass nicht eines Tages bessere auftauchen können, die ein Umdenken erfordern.

Damit haben wir die Bühne nicht nur für einen großen, sondern für einen grandiosen Irrtum über die Wissenschaft bereitet. Er hat damit zu tun, dass wir denken, Wissenschaft bringe Erklärungen zustande, mit deren Hilfe etwas verstanden wird und wodurch das Fragen dann zum Abschluss kommt. Wissenschaft – so denkt man – verwandelt eine geheimnisvolle Natur in eine korrekte und technisch nutzbare Lösung.

Genau dies ist nicht der Fall, wie leicht einzusehen ist, wenn man sich erinnert, was große und kleine Forscher ständig unter dem ermunternden Nicken des Publikums sagen.

Mit jeder Antwort, so kann man da erfahren, stellen sich neue Fragen, und zwar mehr als vorher. Wissenschaft ist ein offener Vorgang, ein Bildungsprozess, den man in einer etwas paradox klingenden Formulierung so beschreiben kann: Wissenschaft verwandelt eine geheimnisvolle Natur in eine noch geheimnisvollere Erklärung. Sie vertieft das Geheimnis. Deshalb bleibt die Wissenschaft auch dann spannend, wenn wir sie schon länger zu kennen meinen.

MENSCHLICHES

Kopernikus hat den Menschen
aus der Mitte vertrieben

Bei Kopernikus scheint alles seine Richtigkeit zu haben. Wir kennen uns aus. Der deutsch-polnische Astronom hat im 16. Jahrhundert erkannt, dass nicht die Erde, sondern die Sonne im Mittelpunkt unseres Planetensystems steht und dass die Erde nur einer der um die Sonne kreisenden Planeten ist. Der mit dieser Annahme des Weltbilds eingeleitete Wandel des menschlichen Bewusstseins wird als kopernikanische Wende bezeichnet. Obwohl dieser Gedanke so leicht zu fassen ist, rief er den Unmut der Kirche hervor, die deshalb Kopernikus' 1543 erschienenes, lateinisch verfasstes Werk über die Umläufe der Himmelskörper – *De Revolutionibus Orbium Coelestium* – auf den Index setzte und verbot. Wie so oft kämpfte die Kirche dabei gegen die wissenschaftlich erwiesene Wahrheit an.

Mit seinem heliozentrischen Modell konnte Kopernikus die beobachteten Himmelsbewegungen anderer Planeten viel leichter erklären als seine Vorgänger, die sich an die antiken Vorstellungen des geozentrischen Weltbilds anlehnten. Er erschütterte das seit etwa tausenddreihundert Jahren unbestrittene und den religionsideologischen Bedürfnissen der katholischen Kirche entsprechende Weltbild des griechischen Mathematikers, Geografen und Astronomen Ptolemäus (um 100 – um 175 n.Chr.). Indem er die Menschen aus der Mitte der Welt entfernte und sie an den eher bedeutungslosen Rand schob, eröffnete Kopernikus eine bis in das 20. Jahrhundert reichende Folge von Kränkungen, die der wissenschaftliche Geist dem Menschen zugefügt hat.

So ungefähr lässt sich das zusammenfassen, was immer noch mit dem Namen Kopernikus verbunden ist – aber fast alles davon ist falsch und unsinnig. Die Tatsache, dass diese Denkfehler offenbar schwer zu korrigieren sind, ist ganz schön deprimierend.

Der Sachverhalt

Kopernikus fand trotz der Doppelbelastung als Domherr und Arzt Zeit für die Erkundung des Himmels. Er entwickelte dabei die Vorstellung von der Sonne als Mittelpunkt des Planetensystems und der von den Planeten um sie beschriebenen Kreisbahnen. Bei der Erde stellte er sogar zwei kreisförmige Drehbewegungen fest, eine längere um die Sonne (einmal im Jahr) und eine kürzere um ihre eigene Achse (einmal am Tag). Nicht die erste Drehbewegung, sondern die Rotation der Erde um ihre eigene Achse hat den Namen kopernikanische Wende bekommen, und zwar durch Immanuel Kant, der dabei die Philosophie der Erkenntnis im Sinn hatte.

Diese modern wirkende Überschreitung der disziplinären Grenzen beeinträchtigt keineswegs die Bedeutung der ersten Drehung, die es sogar doppelt in sich hat. Zum einen kann keine Rede davon sein, dass die von Kopernikus postulierte Umkreisung der Sonne leicht zu begreifen ist, denn tatsächlich sehen wir mit unseren Augen etwas anderes, wenn wir zum Beispiel abends zum Himmel blicken, nämlich einen Sonnenuntergang. So etwas darf es bei Kopernikus gar nicht geben. In seinem Modell geht unser Zentralgestirn ja weder unter noch auf, es ruht vielmehr in der Mitte des Planetensystems, und wir müssen diesen scheinbaren Widerspruch auflösen. Und zum andern kann erst recht nicht behauptet werden, dass

Kopernikus durch die Vergabe einer neuen Position an die Erde die auf ihr wohnenden Menschen erniedrigen oder gar beleidigen wollte. Er unternimmt vielmehr genau das Gegenteil: Kopernikus erhöht die Menschen durch die neue Position und rückt sie näher an die (antiken) Götter oder den (christlichen) Gott heran, weil beide stets außen angesiedelt und über allen Sphären schwebend gedacht wurden.

Dies kann man unter anderem in der *Göttlichen Komödie* nachlesen, in der Dante die antiken Vorstellungen vom Aufbau des Kosmos übernimmt und christlich auflädt. Bei ihm trifft man auf Gott in einem Empyreum, einem Feuerhimmel, der sich über alle anderen Sphären wölbt. Wer jetzt fragt, was denn die Kirche an alldem auszusetzen und warum sie das Werk von Kopernikus verboten hat, dem sei versichert, dass die katholische Geistlichkeit in diesem Fall sehr vernünftig gehandelt und der Wissenschaft kein Hindernis in den Weg gestellt, sondern ihr vielmehr einen Dienst erwiesen hat, wie später noch geschildert wird.

Der Mann mit dem Maiglöckchen

Der Vater von Nikolaus Kopernikus (1473 – 1543) hieß Niklas und schrieb sich noch Koppernigk, solange er es nicht geschafft hatte, zu den wohlhabenderen Bürgern (Kaufleuten) von Thorn zu gehören, dem Städtchen, in dem unser Protagonist geboren wurde. Thorn lag im Ermland und galt demnach als preußisch. 1466 war es an Polen abgetreten worden, was Kopernikus von Geburt an amtlich zu einem Polen machte, obwohl er seine Werke auf Deutsch oder Lateinisch schrieb.

Das bekannteste Porträt von Kopernikus zeigt ihn mit

einem Maiglöckchen, und das Blümchen soll der Welt zeigen, dass sich Kopernikus als Arzt verstanden hat. Festzuhalten ist, dass er die Ausübung dieses Berufs ebenso wenig als seine Hauptaufgabe angesehen hat wie seine Bemühungen um die Erforschung des Himmels. Tatsächlich hatte Kopernikus seit 1510 hauptamtlich eine Domherrenstelle in Frauenburg inne, die aber keine geistlichen Aufgaben mit sich brachte, sondern von ihrem Inhaber vor allem juristische Qualifikationen und ab und zu auch einige medizinische Tätigkeiten verlangte. Kopernikus hatte sich auf diese Vielfalt an Pflichten durch seine Studienzeit vorbereitet, die er unter anderem in Krakau, Padua und Bologna verbracht hatte und in deren Verlauf er sich um die Gesetze des Körpers (Medizinisches) und des Staates (Juristisches) bemühte und schließlich sogar zum Doktor des Kirchenrechts promovierte. Daneben beschäftigte ihn die Astronomie, die ihn im Verlauf des 16. Jahrhunderts immer mehr in ihren Bann schlug – wozu sowohl ein Leseerlebnis als auch eine Enttäuschung mit anschließender Herausforderung beigetragen haben.

Das Leseerlebnis verdankte Kopernikus der Tatsache, dass während seines Italienaufenthalts am Ende des 15. Jahrhunderts die erste gedruckte Ausgabe des *Almagest* von Ptolemäus erschien und von Kopernikus emsig studiert wurde. Mit der hierdurch erworbenen Kenntnis beeindruckten ihn zunächst eine Konjunktion (Ausrichtung) von Saturn und Mond und eine Mondfinsternis, die beide im Jahr 1500 zu beobachten waren. Kopernikus sah nun voller Erwartung dem Jahr 1503 entgegen, in dem eine Konjunktion der Hauptplaneten zu erwarten war. Sie fand tatsächlich statt – allerdings sehr viel später, als die Astronomen vorhergesagt hatten. Das war die Enttäuschung, die nur einen Schluss zuließ, nämlich den, dass vielleicht doch etwas nicht ganz stimmen konnte mit der seit mehr als einem Jahrtausend angenommenen Beschreibung der Himmelsbewegungen – wie sich auch Martin Luther zu bemerken nicht versagen konnte, als er in seinen *Tischreden* die »Unordnung« am Firmament beklagte.

Die heliozentrische Idee

Kopernikus wollte diese Unstimmigkeiten klären, und die kosmischen Gedanken reiften in aller Stille mehr als ein Jahrzehnt in ihm heran. In der Abgeschiedenheit seiner Domherrenstelle konnte er in aller Ruhe die Planeten ganz genau beobachten – natürlich noch ohne Hilfsmittel wie etwa Fernrohre, die erst rund hundert Jahre später zur Verfügung standen. Erst 1514 war Kopernikus in der Lage, seine neuen Vorstellungen der Himmelsordnung in Worte zu fassen: Er verfasste einen kleinen Kommentar – einen *Commentariolus* –, in dem es unter anderem kurz und bündig heißt: »Alle Sphären drehen sich um die Sonne, die im Mittelpunkt steht. Die Sonne ist daher das Zentrum des Universums.«

In diesen Sätzen sind ein neuer und ein alter Gedanke zu erkennen, die es beide zu beachten gilt. Der alte steckt in den Sphären, die Kopernikus nach wie vor als die bewegten Elemente des Himmels betrachtet (und deren kreisförmige Drehung keine physikalische Erklärung braucht, auch wenn man sich wundern könnte, warum eine Sphäre so viel länger braucht als eine andere, um sich zu drehen). Kopernikus hielt daran bis zum Ende seines Lebens fest, das zeitlich zufällig mit dem Erscheinen seines Hauptwerks zusammenfiel, in dem er seine kosmischen Vorstellungen sogar durch eine hübsche Illustration veranschaulichte.

Der neue Gedanke kommt in der Position der Sonne zum

Ausdruck, wobei anzumerken ist, dass er bereits in der Antike geäußert wurde – ohne allerdings Anhänger zu finden.

Der Hauptgrund, der Kopernikus veranlasste, das geozentrische System des Ptolemäus durch ein heliozentrisches Modell zu ersetzen, war sicher das geschilderte Versagen der überlieferten Astronomie. Daneben muss es aber noch andere Beweggründe gegeben haben, von denen einige vermutlich ästhetischer Natur waren. Es war einfach schöner, die strahlende Sonne ins Zentrum der Welt zu stellen, und zudem bestand mit diesem Schritt die Hoffnung, »eine vernünftigere Art von Kreisen zu finden«, wie Kopernikus in seinem kleinen Kommentar schrieb. Damit deutete er an, dass er vor den vielfach verschachtelten und höchst künstlich wirkenden Konstruktionen des Ptolemäus, die man Epizyklen nannte, zurückschauderte. Schon in der Antike gab es viele Beobachtungen von Planetenbewegungen, die mit einer Handvoll von Kreisen nicht zu fassen waren, und so stellte man sich vor, die Planeten würden ihre Bahn entlang eines kleinen Kreises, des Epizykels, ziehen, der sich seinerseits wiederum entlang eines größeren Kreises, des deferierenden Kreises, bewegte.

Kopernikus meinte, es müsse möglich sein, den Lauf der Planeten einfacher und eleganter darzustellen, und deshalb schlug er seine neue Ordnung am Himmel mit der Sonne in der Mitte vor, was wir bis in unsere Tage als heliozentrische Revolution feiern. Doch so schön sein Vorschlag ist, es trifft nicht zu, wenn man behauptet, Kopernikus käme bei seinem Schema mit weniger Hilfskonstruktionen als Ptolemäus aus und er könne genauer als jener die zahlreichen Himmelsbewegungen vorhersagen. Tatsächlich bleibt das heliozentrische System quantitativ ebenso unbefriedigend wie sein geozentrischer Vorläufer. Signifikant reduzieren konnte Kopernikus die Zahl der zusätzlichen Kreisbewegungen nicht, die auch im heliozentrischen System nötig sind, um die beobachteten Positionen und vielfach merkwürdigen Verläufe der Planeten berechnen zu können.

Es liegt noch ein zweiter schwerer Irrtum vor: die vor allem in den Schriften von Sigmund Freud verkündete Behauptung, Kopernikus habe mit seinem Modell den Menschen aus der Mitte vertrieben und an den Rand der Welt gedrängt. Freud redet gar von einer der großen Beleidigungen für die Menschheit, und niemand nimmt zur Kenntnis, wie unsinnig die Darstellung des begnadeten Wiener Psychoanalytikers ist, der sich selbst wohl für die Mitte der geistigen Welt hielt.

Die Behauptung, Kopernikus habe die Menschen erniedrigt, kann nur aufstellen, wer das Zentrum für einen bevorzugten und erstrebenswerten Ort ansieht. Das mag heute so sein, es war damals aber gerade nicht der Fall. Die Mitte wurde – im Gegenteil – als der tiefste Punkt angesehen, zu dem man herabsinken konnte. Im Zentrum der Welt war man so weit wie möglich von den Göttern entfernt, deren Platz bekanntlich außen war. Indem Kopernikus den Menschen aus der Mitte holte und in eine Umlaufbahn um die Sonne brachte, rückte er ihn näher an die Götter heran. Mit anderen Worten – Kopernikus befreite die Menschen aus der demütigenden Lage, der Bodensatz – der Abtritt – der Welt zu sein. Der französische Essayist Michel de Montaigne (1533 – 1592) hat dies durch die deutlichen Worte ausgedrückt, dass der Mensch – vor Kopernikus – »im Schlamm und Kot der Welt, (…) im niedrigsten Stock des Hauses, am weitesten vom Himmelsgewölbe entfernt« untergebracht war – aber nur, bis ihn das heliozentrische Schema in engere Tuchfühlung mit den Göttern brachte, die sich vielleicht nun sogar großzügig dazu herabließen, auf ihn aufmerksam zu werden.

Mit diesen Bemerkungen erledigt sich der dritte Irrtum

um Kopernikus schon fast von selbst, der mit dem kirchlichen Verbot zu tun hat, das untersagte, sein Werk in den Seminaren der Hochschulen zu lesen. Dieses Verbot gibt es zwar – es ist tatsächlich 1616 ausgesprochen worden –, aber es hat nichts damit zu tun, dass die Lehre des Kopernikus eine Gefahr für irgendein Dogma darstellen würde. Die päpstlichen Hüter der Lehre waren berechtigterweise über etwas ganz anderes besorgt: über die unvorstellbar große Zahl der Fehler, die sich in dem Buch fanden – »innumerabilis errores«, wie sie es ausdrückten. Es ging also um Fehler, nicht um Irrtümer. Und die Fehlermenge des legendären Buchs lässt sich leicht erklären: Kopernikus erhielt nämlich das erste Exemplar erst, als er auf dem Totenbett lag, und da konnte er auch beim besten Willen keine Korrekturfahnen mehr lesen. Als 1620 endlich eine verbesserte Ausgabe der *Revolutiones* vorlag, durfte sie – fast ist man geneigt, hier »selbstverständlich« einzufügen – im kirchlichen Lehrbetrieb benutzt werden. Das Buch enthielt jetzt weniger Fehler – und immer noch keine Irrtümer.

Die kopernikanische Wende

Das heliozentrische Weltbild brachte eine Konsequenz mit sich, die lange übersehen wurde und darum vielleicht einen festen Platz im allgemeinen Denken gefunden hat: Durch die kopernikanische Verschiebung wurde unser Planet zu einem Himmelskörper unter anderen, wodurch die tradierte antike Unterscheidung zwischen irdischer und himmlischer Materie hinfällig wurde. Es gab von nun an nicht mehr die zwei Welten (das »Duoversum«), die Aristoteles eingeführt hatte und die sich an der Mondsphäre schieden, sondern nur noch eine Welt, in der es überall physikalisch zuging – sublunar und supralunar. Und diesen neuen Kosmos würde man bald mit dem neuen Wort Universum bezeichnen.

Zwar ist das schon aufregend genug, doch bei Kopernikus gibt es etwas, das noch mehr Spannung in die Geschichte des Himmels bringt: eine zweite Bewegung, die der Frauenburger Domherr unserer kosmischen Heimat zumutete beziehungsweise zutraute. Sie nimmt ihren Ausgangspunkt in der Drehung der Fixsterne am Firmament, die bekanntlich leicht zu beobachten ist und erklärt werden muss. Kopernikus kommt auf die wahrhaft wunderbare und erstaunliche Idee, die sich dem Augenschein mitteilende Kreisbewegung der Fixsterne als etwas zu betrachten, das es nur dem Schein nach gibt. Was unsere Sinne melden, wird vielmehr durch unseren Standpunkt als Beobachter auf der Erde bedingt und wahrgenommen. Nicht die Fixsterne drehen sich, schlägt Kopernikus vor, sondern die Erde, und dieses Rotieren um eine Achse (die wir heute vom Nord- zum Südpol laufen lassen) lässt uns die kreisförmigen Bewegungen am Himmel beobachten, die nur scheinbar stattfinden und uns von unseren Sinnen vorgespielt werden. Er drückt das im fünften Satz des bereits zitierten *Commentariolus* folgendermaßen aus: »Alles, was an Bewegung am Fixsternhimmel sichtbar wird, ist nicht von sich aus so, sondern von der Erde aus gesehen. Die Erde also dreht sich mit den ihr anliegenden Elementen in täglicher Bewegung einmal um ihre unveränderlichen Pole. Dabei bleibt der Fixsternhimmel unbeweglich als äußerster Himmel.«

Leider erlaubt uns Kopernikus keinen Einblick in den tieferen Grund, der ihn zu dieser Umkehrung geführt hat. Eine Überlegung, die ihn geleitet haben könnte, ging vielleicht von dem seit dem Spätmittelalter nachweisbaren Bemühen aus, die Distanz zwischen der Erde und den Fixsternen abzuschätzen. Man war dabei zu dem Ergebnis gekommen, dass die Entfernungen für den menschlichen Geist unfassbar sind. Wenn die Abstände so immens waren, dann mussten im All gigantische Körper sein, da sie sichtbar waren, und diese Riesen mussten zudem unvorstellbare Wege für ihre Drehbewegungen bewältigen. Das war alles unfassbar.

Wenn hingegen wir selbst es waren, die sich drehten, dann war alles nicht nur einfacher vorstellbar, dann konnte Kopernikus zudem ein die damalige Kirche ärgerlich bedrängendes Problem besser lösen: das Datum des Osterfests genau zu bestimmen. Wie Kopernikus nämlich zu seinem Verdruss feststellte, wurde die Auferstehung des Herrn zu seiner Zeit bereits neun Tage später gefeiert, als es von den Kirchenvätern auf dem Konzil von Nicäa (im Jahr 325) beschlossen worden war. Kopernikus wollte den kirchlichen Festkalender reformieren, und dazu diente ihm die tägliche Drehung der Erde, die wir zwar nicht spüren, wenn wir auf ihr stehen, die wir aber trotzdem als Bewegung der Fixsterne sinnlich registrieren können, wenn wir dem Vorschlag des Frauenburger Domherrn folgen.

Die philosophische Wende

Viele Zeitgenossen sind ihm gefolgt, und im 18. Jahrhundert hat die zweite Drehung des Kopernikus ihre eigentliche Bedeutung durch den Philosophen Immanuel Kant (1724 – 1804) bekommen, der wie sein astronomischer Vorgänger einen Standortwechsel vollziehen wollte, und zwar in der Philosophie der Erkenntnis. Kant hielt es für besser, davon auszugehen, dass die Naturgesetze von uns Menschen stammen und der Natur gewissermaßen vorgeschrieben werden, als zu denken, dass die Naturgesetze in der Natur selbst liegen und dort von uns gefunden werden. In seiner *Kritik der reinen Vernunft* heißt es: »Es ist hiermit ebenso als mit den (…) Gedanken des Kopernikus bewandt, der, nachdem es mit der Erklärung der Himmelsbewegungen nicht gut fortwollte, wenn er annahm, das ganze Sternenheer drehe sich um den Zuschauer, versuchte, ob es nicht besser gelingen möchte, wenn er den Zuschauer sich drehen und dagegen die Sterne in Ruhe ließ. In der Metaphysik kann man nun, was die *Anschauung* der Gegenstände betrifft, es auf ähnliche Weise versuchen«, nämlich, wie oben angedeutet, indem man sagt, dass die Gesetze der Natur nicht aus ihr, sondern aus uns kommen. Wir machen sie. Wir erfinden die Form, mit der wir die Natur verstehen.

Es ist dieser Gedanke aus der *Kritik der reinen Vernunft*, der in der Philosophie als kopernikanische Wende bezeichnet wird – und der nichts mit dem heliozentrischen Umbau zu tun hat –, und die Frage lautet, ob dies eine passende Beschreibung ist. In den meisten Fällen besteht eine kopernikanische Wende darin, den Menschen aus einer Mitte zu entfernen. Kant unternimmt aber das Gegenteil. Er setzt den Menschen erneut in das Zentrum des Geschehens. Er führt also eher so etwas wie eine ptolemäische Gegenrevolution aus, die man dann umdeuten kann, wenn eingeräumt wird, dass der Mensch seine Erkenntnisfähigkeit zunächst in Anpassung an die Natur – von ihr – bekommen hat. Dies gelingt im Rahmen einer evolutionären Epistemologie, die den Menschen wieder aus der zentralen Position herausnimmt, die Kant ihm zugewiesen hat, um ihn zu einem Teil des gesamten kosmischen Geschehens zu machen. Kopernikus hätte diese Wendung gefallen, und wir sollten uns ihr anschließen.

Das ästhetische Erkennen

Damit kommen wir zum letzten Punkt, dem Widerspruch zwischen dem, was wir sinnlich erfassen, und dem, was wir begrifflich benennen. Während wir sehen, dass die Sonne auf- und untergeht, mit der Betonung auf dem Gehen, das eine Bewegung meint, wissen wir, dass sie im heliozentrischen Modell des Kosmos gerade nicht unterwegs ist, sondern ruht. Wenn jetzt jemand fragt, was denn nun der Fall ist: »Bewegt sich die Sonne oder bewegt sie sich nicht?«, dann müssen wir erneut von den Phänomenen absehen und auf den Menschen schauen, der sich um sie bemüht. Dabei verfügt er über zwei Hilfsmittel, seine Sinne und seine Ideen, seine Anschauung und seine Begriffe, um auf Kants Unterscheidung zurückzugreifen. Kopernikus und sein kosmisches Modell zeigen uns, dass wir zwei gleichberechtigte Weisen haben, die Welt zu erfassen, und man könnte sie poetisch und wissenschaftlich oder logisch nennen. Der letzte Vorschlag stammt von Kant, der die subjektive von der objektiven Wahrheit so unterschieden hat: »Dass die Sonne in den Ozean taucht, ist wahr nach den Gesetzen der Sinnlichkeit und Erscheinung, aber nicht logisch, nicht objektiv.« Und der Philosoph fügt hinzu: »Die Sonne taucht sich ins Wasser, sagt der Poet; würde er sagen, die Erde dreht sich um ihre Achse, so wäre er ein Logiker und kein Poet.«

»Wahrnehmung« heißt im Griechischen »aisthesis«, weshalb man auch sagen kann, dass es das ästhetische und das begriffliche Wissen, eine ästhetische und eine objektive Wahrheit gibt, dass wir die Welt erleben oder erklären können. Kopernikus zeigt, dass Menschen beide Fähigkeiten in sich vereinen. Vielleicht kann ja das Erklären zum Erlebnis werden. Wir können am Himmel beginnen, der sich über uns wölbt.

Einstein war ein schlechter Schüler
und hielt nicht viel von Gott

Der Name von Albert Einstein (1879 – 1955) scheint allgemein bekannt zu sein. Und die meisten meinen, auch schon einmal die wesentliche Einsicht gehört zu haben, die wir ihm verdanken: »Alles ist relativ.« Außerdem ist der hübsche Satz »Gott würfelt nicht« fast schon ein geflügeltes Wort geworden, das aus einer großen Idee einen billigen Jakob zu machen scheint, den Einstein nicht in sein Leben eingreifen lassen wollte. Und dann fällt vielen Menschen noch ein, dass Einstein ein schlechter Schüler war, und wenn davon die Rede ist, lächeln die um den Stammtisch Herumsitzenden und denken an ihre eigenen Zeugnisse und an die ihrer Kinder. Vielleicht wird aus ihnen doch noch etwas, ein zweiter Einstein. Immerhin war der Mann des 20. Jahrhunderts, zu dem ihn das *TIME*-Magazin gekürt hat, doch ein glühender Pazifist. Oder? Er war jedenfalls ein hochanständiger Mensch, der sich anderen gegenüber nur einwandfrei verhalten hat, selbst wenn er uns am Ende seines Lebens die Zunge herausgestreckt hat.

Der Sachverhalt

Das Bild ist als Postkarte oder Poster weltweit verbreitet – Einstein streckt die Zunge raus. Aber er meinte damit nicht die Menschheit, sondern die etwas aufdringlichen Fotografen, die ihn unentwegt ablichteten, als man seinen zweiundsiebzigsten Geburtstag feierte. Damals war die Atombombe längst abgeworfen worden, zu deren Bau er den amerikanischen Präsidenten bewegt und gedrängt hatte, was man nicht unbedingt einen pazifistischen Akt nennen kann. Einstein handelte da eher vernünftig und verantwortlich, und das vermochte er bereits als Schüler, der stets gute Noten nach Hause brachte und auch deshalb zum Stolz seiner Mutter wurde, weil er so brav auf der Geige übte. Ungeduldig und ungehalten wurde er dann später beim Studium der Physik, bei dem ja noch nicht die Wissenschaft unterrichtet werden konnte, die wir Einstein verdanken. Dem genialen Teenager mussten einfach die vielen Ungereimtheiten in dem vorgetragenen Lehrstoff auffallen, was er auch ansprach und was die Lehrer irritierte, die sich deshalb nicht vorbehaltlos für ihn einsetzten.

Einstein hatte folglich Mühe, nach dem Studium eine Anstellung zu bekommen. Als er sie aber endlich am Patentamt in Bern gefunden hatte, war er so wenig ausgelastet, dass er trotz seiner Pflichten noch ausreichend Zeit und Muße fand, die Physik zu revolutionieren. Seine Relativitätstheorie von 1905 ist dadurch zustande gekommen, dass er gerade nicht alles relativ zueinander betrachtete, sondern – im Gegenteil – einiges Absolute einführte: erst die Geschwindigkeit des Lichts und dann die Masse von Körpern, die nicht davon abhing, ob sie Gegenstände schwer machte oder ihnen Trägheit verlieh. Mit seinen wissenschaftlichen Gedanken konnte Einstein in kosmische Sphären vordringen, in denen sich in unserer Kultur die Frage nach Gott stellt. Einstein hat darauf geantwortet und zuletzt nur noch eines wissen wollen, nämlich wie viel Freiheit der liebe Gott sich nehmen und leisten konnte, als er Himmel und Erde schuf.

Biographisches

Albert Einstein wurde am 14. März 1879 in Ulm geboren und starb am 18. April 1955 in Princeton (New Jersey). Seine Schulzeit verbrachte Einstein in München und im schweizerischen Aarau, sein Studium absolvierte er an der Eidgenössischen Technischen Hochschule in Zürich. Nach dem Examen nahm Einstein die Schweizer Staatsbürgerschaft an, und von 1902 bis 1909 war er am Patentamt in Bern tätig. In diese Zeit fällt sein als *Annus mirabilis* bezeichnetes Wunderjahr von 1905, in dem der 26-jährige Angestellte III. Klasse die Physik und unser Weltbild nicht zuletzt durch eine neue »Auffassung vom Wesen von Raum und Zeit« revolutionierte.

Einsteins Gedanken sind so ungewohnt und geraten so sehr mit dem gesunden Menschenverstand in Konflikt, dass die offizielle Wissenschaft ein paar Jahre brauchte, bis sie ihren künftigen Star entdeckte. Er wurde erst 1909 als Professor nach Zürich berufen – allerdings nur als ein außerordentlicher. Den Sprung zum Ordinarius schaffte Einstein 1911, und zwar dank der Deutschen Universität Prag, an der er aber nicht lange blieb. Bereits 1912 kehrte er in die Schweiz zurück, die er zwar liebte, die ihn aber oft peinlich beargwöhnte. Am Vorabend des Ersten Weltkriegs folgte der einer breiten Öffentlichkeit nach wie vor völlig unbekannte Einstein dem Ruf von Max Planck und wechselte in die deutsche Hauptstadt. In Berlin wurde er Direktor des Kaiser-Wilhelm-Instituts für Physik ohne Lehrverpflichtung und hauptamtliches Mitglied der Preußischen Akademie der Wissenschaften.

Im Jahr 1915 stellte Einstein auf einer Sitzung der Akademie eine wesentlich erweiterte Fassung seiner neuen Vorstellungen von Raum und Zeit vor, die als allgemeine Relativitätstheorie bekannt geworden sind und ein merkwürdiges

Bild des Kosmos zeigen. Einstein zufolge leben wir nämlich auf der gekrümmten Oberfläche einer vierdimensionalen Raumzeit. Das hört sich (nicht nur) für den Laien völlig unverständlich an, aber die dazugehörigen physikalischen Ideen sind präzise messbar und quantitativ überprüfbar. Als die geeigneten Experimente 1919 durchgeführt wurden und offiziell bestätigten, dass Einsteins Ideen das Universum besser beschrieben als die Vorstellungen von Isaac Newton, an denen man sich seit der zweiten Hälfte des 17. Jahrhunderts orientiert hatte, war ein neuer Star geboren. Einstein kam auf die Titelseite der populären Zeitungen, und die Relativitätstheorie wurde zum Stadtgespräch. Von nun an wuchs er in die Rolle eines Weltweisen, und sein Gesicht wurde nach und nach zu einer Ikone.

1933 emigrierte Einstein in die USA, und 1935 bezog er in Princeton das Haus in der Mercer Street, in dem er bis zu seinem Tod wohnen sollte. Einstein arbeitete in den ihm verbleibenden zwanzig Jahren an dem *Institute for Advanced Studies*, das in Princeton eingerichtet worden war und wie für ihn geschaffen wirkte. 1939 empfahl er in einem berühmten Brief dem amerikanischen Präsidenten Franklin D. Roosevelt, möglichen deutschen Bemühungen um eine Atombombe zuvorzukommen, deren Bau im Rahmen der damals entwickelten Physik gelingen konnte. Die Tatsache, dass im Lauf seines Lebens mithilfe einer abstrakten Wissenschaft der Weg zu konkreten Vernichtungswaffen gefunden werden konnte, entlockte Einstein kurz vor seinem Tod die Bemerkung: »Wäre ich noch einmal ein junger Mensch und stünde ich erneut vor der Entscheidung über den besten Weg, meinen Lebensunterhalt zu verdienen, so würde ich nicht Wissenschaftler, Gelehrter oder Pädagoge, sondern eher ein Klempner oder Hausierer werden wollen in der Hoffnung, mir damit jenes bescheidene Maß von

Unabhängigkeit zu sichern, das unter heutigen Verhältnissen noch erreichbar ist.«

Seine wissenschaftliche Neugier konnte Einstein aber nicht abtun. Bis zuletzt beschäftigen ihn Fragen der Physik, deren theoretische Grundlegung ihm unlösbare Schwierigkeiten bereitete. Unermüdlich dachte er etwa über die Frage nach, was Licht wirklich ist. Zwar meinten viele Zeitgenossen, die Antwort zu kennen, wie er ironisch anmerkte, aber Einstein zufolge waren sie im Irrtum. Sie blieb ein großes Geheimnis.

Gerüchte

Zu den vielen Gerüchten um Einstein gehört die Behauptung, er habe sich geistig langsam entwickelt. Das stimmt offenbar, denn seine Eltern zeigten sich anfangs besorgt über den bedächtigen Umgang ihres Sohns mit der Sprache.

Doch Einstein selbst beurteilte seine langsame Entwicklung durchaus positiv: »Der normale Erwachsene denkt über die Raum-Zeit-Probleme kaum nach. Das hat er seiner Meinung nach bereits als Kind getan. Ich hingegen habe mich geistig derart langsam entwickelt, dass ich erst als Erwachsener anfing, mich über Raum und Zeit zu wundern. Naturgemäß bin ich dann tiefer in die Problematik eingedrungen als die normal veranlagten Kinder.«

Hingegen stimmt die Behauptung nicht, dass Einstein ein schlechter Schüler gewesen sein soll. Natürlich war er kein ehrgeiziger, büffelnder Junge, und wie alle Teenager hasste er das sinnlose Pauken und den Drill der Prüfungen. Aber seine Noten waren gut. In Latein hatte er mindestens eine Zwei, in Griechisch weisen seine Zeugnisse stets eine Zwei auf, in Mathematik schwankten die Bewertungen erst zwischen Eins und

Zwei und stabilisierten sich dann bei Eins. Auch beim Studium entsprachen seine Leistungen den Anforderungen; seine Lehrer bemängelten an ihm etwas anderes: »Sie sind ein gescheiter Junge«, soll einer seiner Dozenten in Zürich gesagt haben, »aber Sie haben einen großen Fehler: Sie lassen sich nichts sagen.«

Im heutigen Sprachgebrauch würde man Einstein als antiautoritär bezeichnen. Er amüsierte sich über alle, die sich als Autorität aufspielten, was sein Leben als Schüler im Kaiserreich nicht leichter machte. (Einstein empfand es übrigens als Strafe des Herrn, dass er ihn selbst später eine Autorität werden ließ.)

Die Frage, wie das Gerücht vom schlechten Schüler Einstein in die Welt gesetzt werden konnte, lässt sich leicht beantworten. Einstein war eine Zeitlang in der Schweiz zur Schule gegangen, und dort wurden Noten als Punkte gegeben. Eine Eins in Deutschland entsprach (und entspricht heute noch) einer Sechs in der Schweiz. Leider hat sein erster Biograph dies nicht bemerkt. So lasen die Menschen vom schlechten Schüler Einstein, und diese Vorstellung gefiel allen, die selbst – oder deren Kinder – ohne glänzende Zeugnisse dastanden. Ihre schlechten Noten ließen ihnen wenigstens die Hoffnung, noch ein Einstein werden zu können. Da die Hoffnung zuletzt stirbt, wird sich auch dieses Gerücht halten.

Zu den weiteren unzutreffenden Bemerkungen über Einstein gehört der Hinweis auf seine pazifistische Haltung. Tatsächlich verabscheute er gewalttätige Auseinandersetzungen, und in einem Text mit dem Titel »Zur Abschaffung der Kriegsgefahr« findet sich der wichtige Satz: »Töten im Krieg ist nach meiner Auffassung um nichts besser als gewöhnlicher Mord.« Darüber hinaus bezeichnete er Gandhi als den »größten politischen Genius unserer Zeit«, weil er erkannt hatte, welche Opfer gebracht werden mussten, um den Weg der Toleranz in eine friedliche Zukunft zu finden.

Aber Einstein blieb bei allen friedlichen Träumen ein Realist, der erkannte, dass Staaten anders handeln mussten als Individuen und genötigt waren, »sich auf einen Krieg vorzubereiten«. Diese Haltung empfahl er 1939 dem amerikanischen Präsidenten Roosevelt, als er ihn dazu aufforderte, die Entwicklung einer Atombombe in Angriff zu nehmen. Mit diesem Stichwort wird klar, dass Einsteins Friedensappelle vor dem Hintergrund einer neuen Dimension der Vernichtung erklangen, die aus der Wissenschaft kam. Mit den Kernwaffen bestand nämlich die Gefahr, die Menschheit in die Steinzeit zurückzukatapultieren, und Einstein befürchtete, dass der nächste Krieg mit Pfeil und Bogen geführt würde.

In einer Ansprache vor einer Abrüstungsversammlung begann Einstein explizit mit einem Hinweis auf das zweischneidige Schwert seiner Wissenschaft:

> Die letzen Generationen haben uns in der hochentwickelten Wissenschaft und Technik ein überaus wertvolles Geschenk in die Hand gegeben, das Möglichkeiten der Befreiung und Verschönerung unseres Lebens mit sich bringt. (...) Dieses Geschenk bringt aber auch Gefahren für unsere Existenz mit sich, wie sie noch niemals schlimmer gedroht haben. Mehr als je hängt das Schicksal der zivilisierten Menschheit von den moralischen Kräften ab, die sie aufzubringen imstande ist. Deshalb ist die Aufgabe, die unserer Zeit gestellt ist, nicht etwa leichter als die Aufgaben, welche die letzten Generationen gelöst haben.

Wie eine Lösung konkret gefunden werden könne, wusste allerdings auch Einstein nicht.

Glaubensbekenntnisse

Bevor die Nazis an die Macht kamen, fühlte sich Einstein in Deutschland so wohl, dass er sich innerlich ein »Glaubensbekenntnis« zurechtgelegt hatte. 1932 sprach er es aus und ließ es auf Schallplatte aufnehmen. Es endet mit folgenden Worten:

> Ich bin zwar im täglichen Leben ein typischer Einspänner, aber das Bewusstsein, der unsichtbaren Gemeinschaft derjenigen anzugehören, die nach Wahrheit, Schönheit und Gerechtigkeit streben, hat das Gefühl der Vereinsamung nie aufkommen lassen.
>
> Das Schönste und Tiefste, was der Mensch erleben kann, ist das Gefühl des Geheimnisvollen. Es liegt der Religion sowie allem tieferen Streben in Kunst und Wissenschaft zugrunde. Wer dies nicht erlebt hat, erscheint mir, wenn nicht wie ein Toter, so doch wie ein Blinder. Das Empfinden, dass hinter dem Erlebbaren ein für unseren Geist Unerreichbares verborgen sei, dessen Schönheit und Erhabenheit uns nur mittelbar und in schwachem Widerschein erreicht, das ist Religiosität. In diesem Sinne bin ich religiös. Es ist mir genug, diese Geheimnisse staunend zu ahnen und zu versuchen, von der erhabenen Struktur des Seienden in Demut ein mattes Abbild geistig zu erfassen.

Um Einsteins Religiosität besser erfassen zu können, muss man wissen, dass er selbst nie an einem Gottesdienst teilgenommen, seinen Söhnen den Religionsunterricht verweigert und bis zu seinem Tod an seiner Konfessionslosigkeit festgehalten hat. Trotzdem vertrat und verteidigte er die Überzeugung, dass wissenschaftliche Theorien mit Weltanschauungen verträglich sein können. Im Übrigen gilt Einstein zufolge: »Wissenschaft ohne Religion ist lahm, Religion ohne Wissenschaft ist blind.«

Am liebsten sprach Einstein über seine Wissenschaft, und es hätte ihm nichts ausgemacht, wenn man Gott aus dem Spiel gehalten hätte, aber die Verhältnisse waren leider nicht so. Im Frühjahr 1929 warnte ein amerikanischer Kardinal seine Gemeinde vor dem Studium der Relativitätstheorie, da sie angeblich Gott und die Schöpfung bezweifle und gottlose Gedanken in ihr steckten. Dies brachte den Rabbiner von New York dazu, seinem Glaubensgenossen Einstein ein Telegramm zu schicken: »Glauben Sie an Gott? Stopp. Bezahlte Antwort 50 Worte.«

Einsteins Antwort ist berühmt geworden. Er telegrafierte folgenden Text:

Ich glaube an Spinozas Gott, der sich in der gesetzlichen Harmonie des Seienden offenbart, nicht an einen Gott, der sich mit den Schicksalen und Handlungen der Menschen abgibt.

Einsteins Götter

Friedrich Dürrenmatt hat einmal den Verdacht geäußert, dass Einstein insgeheim als Theologe tätig war. Diesen Eindruck kann man jedenfalls gewinnen, wenn man zählt, wie oft Einstein sich über Gott geäußert hat. Der Grund für seine häufigen Ausflüge in religiöse Sphären hat mit der Wissenschaft zu tun. Denn »was mich eigentlich interessiert, ist, ob Gott die Welt hätte anders machen können; das heißt, ob die Forderung der logischen Einfachheit überhaupt eine Freiheit lässt«. Und bei anderer Gelegenheit schrieb Einstein: »Ich möchte nichts als meine Ruhe haben und wissen, wie Gott die Welt erschaffen hat. Seine Gedanken sind es, die mich beschäftigen.«

Wichtig ist, dass Einstein explizit die Idee einer Welt vertrat, die Menschen verständlich ist. Das bedeutet, dass Gott die Gesetze so versteckt hat, wie es Eltern mit Ostereiern im Garten tun. Wir können darauf vertrauen, dass es sie gibt und wir beim Forschen von den Göttern – wie die Kinder beim Suchen von den Eltern – wohlwollend und amüsiert beobachtet werden. Dabei kann man sich ihrem Gelächter aussetzen. Man hat aber auch die Möglichkeit, sich als Wissenschaftler sein Leben lang als Kind zu fühlen. Diese Freiheit nahm sich Einstein. An eine andere glaubte er nicht.

Der private Mensch

1903 heiratete Einstein zum ersten Mal, und zwar die aus Serbien stammende Mileva Marić, die er seit vielen Jahren als Studienkollegin kannte. Die Ehe kam gegen den erbitterten Widerstand von Einsteins Eltern zustande, die zum Glück nichts wussten von einer unehelichen Tochter namens Liserl, deren Spur sich verlor, ohne dass Einstein sie jemals zu Gesicht bekam. 1904 wurde der erste Sohn Hans Albert geboren, der vielleicht auf Einsteins Knien saß, als der Physiker seine Arbeiten für das »Wunderjahr« niederschrieb, und 1910 folgte der zweite Sohn Eduard. Während Hans Albert sich wie erwartet entwickelte (und Professor für Hydraulik im kalifornischen Berkeley wurde), zeigte Eduard erst Ansätze einer hohen Begabung, erkrankte jedoch bald an Schizophrenie. Er kam in die Züricher Anstalt Burghölzli und hatte kaum mehr Kontakt zu seinem Vater. Der hatte sich inzwischen von

Mileva scheiden lassen, um im gleichen Jahr (1919) seine Cousine Elsa zu heiraten, was jedoch keineswegs aus großer Liebe geschah.

Es stimmt sicher, wenn Biographen schreiben, dass Einstein als Familienmensch versagt hat, und zwar sowohl seinen beiden Kindern als auch seinen beiden Ehefrauen gegenüber. Er selbst hat oft und gerne gesagt, er sei eigentlich der geborene »Einspänner«, aber bekanntlich braucht auch ein solcher Mensch jemanden, der ihm den Haushalt führt und ihm frische Hemden hinlegt. Am Ende der Ehe behandelte Einstein Mileva schlechter als eine Hausangestellte, verlangte von ihr vor allem, pünktlich das Essen auf den Tisch zu stellen, wenn er vom Amt nach Hause kam, und gefälligst den Mund zu halten, während er aß.

Im Sommer 1914 diktierte Einstein seiner Frau folgende »Bedingungen«, unter denen er (zunächst noch) bereit war, auf eine Scheidung zu verzichten, die im Originalwortlaut hier wiedergegeben werden:

A. Du sorgst dafür, 1. dass meine Kleider und Wäsche ordentlich im Stand gehalten werden, 2. dass ich die drei Mahlzeiten *im Zimmer* ordnungsgemäß vorgesetzt bekomme. 3. Dass mein Schlafzimmer und Arbeitszimmer stets in guter Ordnung gehalten sind, insbesondere dass der Schreibtisch *mir allein* zur Verfügung steht.

B. Du verzichtest auf alle persönlichen Beziehungen zu mir, soweit deren Aufrechterhaltung aus gesellschaftlichen Gründen nicht unbedingt geboten ist. Insbesondere verzichtest Du darauf 1. dass ich zuhause bei Dir sitze, 2. dass ich zusammen mit Dir ausgehe oder verreise.

C. Du verpflichtest Dich ausdrücklich, im Verkehr mit mir folgende Punkte zu beachten: 1. Du hast weder Zärtlichkeiten von mir zu erwarten noch mir irgendwelche Vorwürfe zu machen. 2. Du hast an mich gerichtete Rede sofort zu sistieren, wenn ich darum ersuche. 3. Du hast mein Schlaf- bzw. Arbeitszimmer sofort ohne Widerrede zu verlassen, wenn ich darum ersuche.

D. Du verpflichtest Dich, weder durch Worte noch durch Handlungen mich in den Augen meiner Kinder herabzusetzen.

Die Quanten und der liebe Gott

Kehren wir zur Wissenschaft zurück und korrigieren den Irrtum, dass Einstein seinen Nobelpreis für das Aufstellen der Relativitätstheorie bekommen hat. Er ist für die erste Arbeit ausgezeichnet worden, die er 1905 publizierte, das inzwischen als »Wunderjahr« in die Geschichte der Physik eingegangen ist. Der damals 26-jährige Einstein lebte in Bern, und als Angestellter des Patentamts hatte er genug Zeit, um fünf Arbeiten zu publizieren, die jede für sich sensationell und nobelpreiswürdig war. Zwischen dem 17. März und dem 30. Juni schloss Einstein genauer gesagt zunächst vier Manuskripte ab, die sich mit höchst unterschiedlichen Themen beschäftigten. Zwei befassten sich mit Molekülen – mit ihrer Dimension und Diffusion (bekannt als Brown'sche Bewegung) – und zwei mit dem Licht – mit seiner Natur und Ausbreitung. Im September fügte Einstein dem Quartett noch als eine Art Coda seine Antwort auf die eher langweilig klingende Frage hinzu: »Ist die Trägheit eines Körpers von seinem Energieinhalt abhängig?«

Einsteins Antwort »Ja« ist weniger wichtig als die Form, die er ihr gibt. Die Trägheit eines Körpers steckt in seiner Masse (m), und Einstein entdeckt, dass ihr eine Energie (E) entspricht. Er leitet zwischen den beiden Größen die wohl berühmteste mathematische Formel der Welt ab. Sie hat längst den Weg auf viele T-Shirts gefunden und lautet: »$E = mc^2$«. Der Buchstabe c steht dabei für die Geschwindigkeit, mit der sich Licht in einem leeren Raum ausbreiten kann.

In der ersten Arbeit aus dem »Wunderjahr« 1905 geht es um die Rolle von Quantensprüngen, und für sie wurde Einstein mit dem Nobelpreis ausgezeichnet. Seine Überlegungen behandeln dabei »die Erzeugung und Umwandlung des Lichts«, was konkret heißt, dass Einstein zu erklären versucht, warum die Energie, die von Licht auf Elektronen übertragen wird, von der Frequenz des Lichts, und nicht von seiner Intensität, abhängt, wie jedermann erwartete. Einsteins Idee bestand darin, die jahrhundertealte Auffassung, Licht breite sich kontinuierlich als Welle aus, durch die Annahme zu ergänzen, die Energie des Lichts bestehe aus »in Raumpunkten lokalisierten Energiequanten, welche sich bewegen, ohne sich zu teilen«, und die sich dadurch auszeichnen, dass sie »nur als Ganzes absorbiert und erzeugt werden können«.

Diese Worte sind als der »revolutionärste« Satz bezeichnet worden, der je von einem Physiker des 20. Jahrhunderts zu Papier gebracht wurde, und das starke Attribut stammt von Einstein selbst. Die Idee von Quanten als einem unstetigen Element war 1900 von Max Planck in die Physik eingeführt worden, aber nur als eine mathematische Hilfsgröße, die man zuletzt aus den Naturgesetzen entfernen wollte. Einstein gab Plancks Konzept eine physikalische Bedeutung. Er erkannte, dass es die Quanten nicht nur in der Theorie, sondern in der Wirklichkeit gibt, wobei ihm diese Einsicht nicht leicht gefallen sein muss. »Es war, wie wenn einem der Boden unter den Füßen weggezogen worden wäre, ohne dass sich irgendwo fester Grund zeigte, auf dem man hätte bauen können«, wie er selbst einmal schrieb. Einstein war klar, dass seine Lichtquantenhypothese das Ende der klassischen Physik bedeutete, und es sollte noch Jahrzehnte dauern, bis der Ersatz in Form einer Quantenphysik kam, mit der er sich nie anfreunden konnte.

In der Geschichte der physikalischen Wissenschaften unterscheidet man zwischen einer Quantentheorie und der Quantenmechanik. Mit Quantentheorie werden die Bemühungen bezeichnet, die seit Newtons Tagen entwickelte klassische Physik zu erweitern, um Platz für die Quantensprünge von Planck und Einstein aus den Jahren 1900 beziehungsweise 1905 zu schaffen. Wie ihr klassisches Vorbild wollte die Quantentheorie von messbaren Größen (Impuls, Energie) handeln, und ihre Gleichungen sollten die natürlichen Abläufe festlegen. Doch in der Mitte der 1920er Jahre brach dieses Programm zusammen, und eine völlig neue Theorie – die Quantenmechanik – wurde in den Köpfen einiger Physiker geboren. Sie operierte mit merkwürdigen mathematischen Größen, die nicht mehr direkt messbar waren, und ihre Gesetze waren nicht deterministischer, sondern statistischer Art. Wie sich in den folgenden Jahren und Jahrzehnten herausstellte, konnte die Quantenmechanik alle Phänomene im Bereich der Atome höchst genau erklären. Doch das hinderte Einstein nicht, sowohl ihre Allgemeingültigkeit als auch ihre Vollständigkeit in Zweifel zu ziehen. Für ihn konnte die Quantenmechanik »nicht der wahre Jakob« sein.

Einstein bestritt nicht die Qualität der Quantenmechanik, aber er vermutete und hoffte, dass sich eines Tages eine noch umfassendere Theorie finden würde, die mit bislang verborgenen Parametern operieren und zeigen würde, dass das, was im Augenblick nur statistisch erfassbar war und Zufälligkeiten unterlag, doch streng kausal bestimmt war. Einstein presste seine Abneigung gegen die Quantenmechanik in das berühmte Diktum »Gott würfelt nicht«, das er vor allem in seinen Diskussionen mit dem dänischen Physiker Niels Bohr einsetzte, über die dieser in einem Aufsatz mit dem Titel »Diskussionen mit Einstein über erkenntnistheoretische Probleme der Atomphysik« berichtet hat.

Die über mehr als zwei Jahrzehnte geführte Debatte handelte unter anderem von der merkwürdigen Rolle, die den Beobachtern beziehungsweise der Beobachtung in der neuen Physik zukam. In der Quantenmechanik bekommt ein Elektron seine Eigenschaften erst durch eine Messung. Mit ihr wird bestimmt, was vorher unbestimmt war. Während Bohr sich auf diese Unbestimmtheit der physikalischen Realität einließ und sie in ein philosophisches Gerüst (namens Komplementarität) einbaute, blieb Einstein der Gedanke unerträglich, dass sich die Natur nicht festlegen ließ. Er dachte sich ein Gedankenexperiment nach dem anderen aus, um zu zeigen, dass die Unbestimmtheit hintergangen werden konnte, aber Bohr konnte all diese Versuche als untauglich entlarven.

Die Hartnäckigkeit, mit der Einstein das Thema verfolgte, hat den Gedanken aufkommen lassen, dass es in der Debatte um mehr als ein Verständnis der Wirklichkeit gegangen und ihr eigentliches Thema Gott gewesen sei, und zwar im Angesicht der neuen Physik, die den Kosmos so gut kannte wie die Atome. Tatsächlich stellt Einsteins stures »Gott würfelt nicht« sein letztes Wort in dem Dialog dar, auf das Bohr noch geantwortet hat. Zum einen, so meinte er, könne niemand – nicht einmal Einstein selbst – Gott vorschreiben, wie er mit der

Welt umgeht. Und zum andern wisse ebenfalls niemand, was ein Wort wie »würfeln« bedeutet, wenn es in Verbindung mit Gott gebraucht wird.

Einstein für die Schule

Zu den Irrtümern über Wissenschaft gehört die Überzeugung, dass sie unverständlich ist, vor allem dann, wenn sie originelle Gedanken enthält. Einstein sorgt aber auch da für eine Überraschung. In dem Jahr (1926), in dem die Quantenmechanik ihre bis heute gültige Form bekommen hat, dachte er über etwas völlig anderes nach, nämlich über die »Ursache der Mäanderbildung der Flussläufe«, der in dem Band *Mein Weltbild* vor dem Aufsatz »Über wissenschaftliche Wahrheit« abgedruckt ist.

Wenn für den Schulunterricht ein Text gesucht wird, mit dem die Neugierde von Schülerinnen und Schülern sowohl auf Beobachtungen von Phänomenen, die zur eigenen Erlebniswelt zu Hause und in der Natur gehören, als auch an ihrer eleganten Erklärbarkeit geweckt werden soll, dann ist es dieser. Einstein beginnt seine Ursachenforschung mit zwei bekannten Tendenzen, nämlich zum einen der von Wasserläufen, »sich in Schlangenlinien zu krümmen, statt der Richtung des größten Gefälles des Geländes zu folgen«, und zum andern der von Flüssen, auf der Nordhälfte der Erde »vorwiegend auf der rechten Seite zu erodieren«.

Er stellt fest, dass die bisherigen Erklärungen der Fachleute zu kurz greifen, um dann das große Problem durch ein kleines Experiment in Angriff zu nehmen, »das jeder leicht wiederholen kann: Es liege«, so Einstein, »eine mit Tee gefüllte Tasse mit flachem Boden vor. Am Boden sollen sich einige Teeblättchen befinden«, mit denen nun Folgendes passiert: »Versetzt man die Flüssigkeit mit einem Löffel in Rotation, so sammeln sich die Teeblättchen alsbald in der Mitte des Bodens der Tasse.« Man spricht dabei vom »Teetassenphänomen«. Einstein erläutert den Grund für diese Erscheinung, um anschließend die Ursache der Mäanderbildung zu erklären.

Wie er von der kleinen Teetasse ausgehend mit hübschen Zeichnungen auf wenigen Seiten die ganze Welt physikalisch erfasst, gehört zu den Kabinettstückchen, die man sich nicht entgehen lassen sollte. »Einstein at his best«, würde man in der Marketingsprache sagen, und er brilliert zudem mit Formulierungen, die alle verstehen können und begeistern müssen. Damit hat er einen Weg geöffnet, auf dem die Öffentlichkeit zur Wissenschaft gelangen kann. Einstein verstand nicht, dass man ihn nicht gehen wollte. Er war vielmehr der Meinung, dass sich alle »schämen« sollten, »die gedankenlos sich der Wunder der Wissenschaft und Technik bedienen und nicht mehr davon erfasst haben, als die Kuh von der Botanik der Pflanzen, die sie mit Wohlbehagen frisst«.

Alexander Fleming hat das Penicillin entdeckt

In Quizsendungen wird immer noch gern gefragt, wer das Penicillin entdeckt hat: Alexander Fleming (1881 – 1955) natürlich, der schottische Bakteriologe, der in den 1920er Jahren in London arbeitete und dort tatsächlich den Auftrag hatte, nach »Zauberkugeln« zu suchen, wie man damals sagte. Mit diesen hypothetischen »magic bullets« hoffte man, Infektionsherde im menschlichen Körper vernichten zu können. Die Idee zu solchen Medikamenten, die wir heute Antibiotika nennen, war in den ersten Jahren das 20. Jahrhunderts aufgekommen, und Fleming probierte sein Glück auf die herkömmliche Weise, indem er erst infektiöse Bakterien (Staphylokokken) auf flachen Schalen (gefüllt mit geeigneten Nährstoffen) wachsen ließ und sie dann mit verschiedenen Stoffen beträufelte, von denen er eine abtötende (bakterizide) Wirkung erhoffte.

Dem Wort »Glück« kam bei Fleming eine besondere Bedeutung zu, und zwar mindestens zweimal. Im Januar 1919 war er einmal erkältet, und während er seine Schalen betrachtete, fiel ein Tropfen aus seiner Nase auf eine Kolonie mit Bakterien – und zur großen Überraschung des Forschers vernichtete die trübe Flüssigkeit alles, was sie berührte. Offenbar – so der richtige Gedanke Flemings – befand sich in dem schleimigen Sekret (Mucus) etwas, das Bakterien zu vernichten vermochte, das also antibiotisch wirkte und als Medikament bei Infektionen eingesetzt werden konnte. Die Absonderung, die Fleming aus der Nase fiel (und sogar in unserer Tränenflüssigkeit enthalten ist), heißt Lysozym. Diese Episode wird hier nur erwähnt, weil sie auf die Penicillin-Geschichte vorbereitet, in der offenbar ein zweites Mal eine Glücksgöttin entscheidend in Flemings Arbeit eingriff.

Darüber verbreitete er folgende Legende: Im September 1928 kehrte Fleming aus einem Kurzurlaub zurück, und er entschloss sich, sein Laboratorium aufzuräumen, also die alten Schalen wegzuwerfen, auf denen in seiner Abwesenheit alle möglichen Dinge gelandet und Zellen gewachsen waren. Bakteriologen sprechen in einem solchen Fall von Kontaminationen (Verunreinigungen), die durch allerlei Mikroorganismen bedingt sind, die sich in der Luft aufhalten und die Kulturen besetzen können, auf denen es reichlich Futter gibt.

Auf einer der Schalen bemerkte Fleming nun einen Schimmelpilz, der sich darauf niedergelassen und, wie es bei allen Pilzen üblich ist, ein feines Geflecht – ein Myzel, wie es in der Fachsprache heißt – gebildet hatte, das aber nur auf den ersten Blick keine Besonderheiten aufwies. Auf den zweiten Blick zeigte sich, dass am Rand des Geflechts keine Bakterien mehr vorhanden waren. Der Pilz musste die vorher dort angesiedelten Exemplare von *Staphylococcus aureus* vernichtet haben, mit denen Fleming experimentierte und die bei Menschen Lungenentzündungen auslösen können. Der wachsame Bakteriologe zog aus seiner Beobachtung sofort den Schluss, dass in dem Pilz ein wirksames Antibiotikum vorhanden sein musste, und wir wissen, dass dies der Fall ist. Wir nennen es heute Penicillin, und die Forscher in Flemings Umgebung konnten beizeiten ausreichende Mengen dieses Wirkstoffs herstellen, um zahllosen Verwundeten bereits in den frühen 1940er Jahren – also während des Zweiten Weltkriegs – mit seiner Verabreichung bessere Überlebenschancen zu bieten. Mit dem Penicillin begann der wundersame Aufstieg der Antibiotika, und die Menschheit feierte den Entdecker Fleming, der 1945 den Nobelpreis für Medizin erhielt, mit Ehrendoktortiteln überhäuft wurde und dem der Papst mehrfach Privataudienzen gewährte.

Die etwas andere Geschichte

An dieser Darstellung stimmt nur, dass Fleming Glück gehabt hat, und zwar eine ganze Menge. Aber alles andere ist fraglich oder gelogen.

Was das Glück angeht, so gehört dazu nicht zuletzt auch die Tatsache, dass es ausgerechnet die Pilzart *Penicillium notatum* war, die seine Kulturschalen kontaminiert hatte, denn dieser Stamm verfügt über mehr antibiotische Qualität als alle anderen. Ohne *P. notatum* hätte Fleming nichts auffallen können, aber mit dem Pilz ging sein Glück auch dem Ende entgegen. Denn diese Art zeigte sich damals so selten, dass Fleming sie gar nicht identifizieren konnte – mit der Folge, dass er bald das Interesse daran verlor. Er kümmerte sich auch deshalb nicht weiter um seine vermeintliche Jahrhundertentdeckung, weil er – hier agierte er wenigstens nicht völlig unwissenschaftlich – seine legendäre Beobachtung nicht wiederholen konnte. Heute können wir genau sagen, woran das lag – an der Reihenfolge. Fleming hat erzählt, er habe erst die Bakterien ausgesät, und dann seien aus der Dunkelheit der Nacht durch das offene Fenster Pilzsporen in das Laboratorium geflogen und hätten sich auf den Schalen niedergelassen und ihre antibiotische Wirkung demonstriert. Genau so hat Fleming seine Bemühungen um eine Reproduktion der Beobachtung dann auch durchgeführt, und eben das ist falsch herum. Wir wissen heute, dass, sobald die Bakterien Kolonien geformt haben, das Penicillin nicht mehr wirkt. Wenn die Bakterien bereits ihre Zellwände errichtet haben, blockiert das Antibiotikum die Teilung der Zellen und verhindert die Anfertigung von Substanzen, die Bakterien für die Herstellung ihrer Zellwände benötigen.

Tatbestände dieser Art waren übrigens zu der fraglichen Zeit sehr wohl bekannt. Die Bakteriologen kannten genügend Beispiele dafür, dass ein Mikroorganismus das Leben eines anderen ver- oder behindern kann. Das heißt, Fleming hatte nichts von Bedeutung bemerkt. Er wusste auch nicht, womit er es zu tun hatte, er kümmerte sich erst recht nicht ernsthaft um die Frage, ob und wie man das, was der Pilz produzierte, isolieren und identifizieren konnte, und er plante weder Tierversuche, noch unternahm er etwas, um die klinische Relevanz seiner Beobachtung zu erkunden. Fleming gab dem Penicillin zwar seinen Namen, ließ den Stoff aber bereits am Ende der 1920er Jahre links liegen und lenkte seine Aufmerksamkeit auf chemische Verbindungen, die Quecksilber enthielten und dadurch antibiotisch wirken sollten. In den vielen Jahren bis zum Zweiten Weltkrieg erwähnte er Penicillin jedenfalls mit keinem Wort. Es kam ihm anscheinend gar nicht in den Sinn, dass da ein Schatz gehoben werden konnte.

Penicillin in der Praxis

Es waren schließlich der australische Pathologe Howard W. Florey und der britische Biochemiker Ernst B. Chain, die sich am Ende der 1930er Jahre und in Erwartung des von Hitlerdeutschland betriebenen Kriegs ernsthaft und systematisch daranmachten, in den bekannten Mikroorganismen nach Stoffen zu suchen, die Bakterien abtöten und somit eventuell Infektionen beim Menschen stoppen können. Bei ihren Arbeiten stießen sie auch auf den Schimmelpilz *P. notatum*, und sie begannen unter zunehmend schwieriger werdenden Bedingungen, die wirksame Substanz, das bislang nur hypothetische Penicillin, zu extrahieren und in Tierversuchen einzusetzen. Vorsichtig und behutsam näherten sie sich dem kritischen Punkt jeder Entwicklung eines Medikaments, nämlich dem ersten Einsatz am Menschen, der 1941 vorbereitet wurde.

Während Penicillin heute in ausreichenden Mengen leicht verfügbar ist, musste man damals um jedes Milligramm ringen. Die Massenproduktion des Antibiotikums, an der Andrew Moyer und Norman Heatley sich versuchten, kam erst nach 1945 in Gang. Anfangs mussten Florey und Chain derart haushalten, dass man sogar alles daransetzte, das Penicillin aus dem Urin von damit behandelten Patienten zurückzugewinnen. In dieser verzweifelten Lage baten sie erst einige Pharmafirmen um Hilfe, die aber zögerten, das benötigte Antibiotikum in großem Stil aus dem Schimmelpilz zu extrahieren, weil sie befürchteten, dass eines Tages ein Biochemiker es im Reagenzglas synthetisieren könnte, was dann keinen Gewinn für sie einbringen würde. Als Nächstes kontaktierten Florey und Chain Fleming, um ihn für ihre Ideen zu gewinnen, aber der Namensgeber des Penicillins winkte zunächst ab und verhielt sich passiv. Sein Interesse wurde erst geweckt, als ein Freund seiner Familie erkrankte und das Antibiotikum gebrauchen konnte, von dem inzwischen erwiesen war, dass es bei Wundinfektionen gut wirkte, wie sie gerade in Kriegszeiten vermehrt auftraten.

Jetzt wurde Fleming aktiv. Er wandte sich an das Fachblatt *British Medical Journal* und ließ in Interviews durchblicken, dass es sein Penicillin sei, das jetzt den Soldaten im Feld das Leben rettete, und die Öffentlichkeit kaufte es ihm ab. Fleming wurde Mitte der 1940er Jahre weltberühmt. Wenn die Welt gerecht wäre, würde sein Name in diesem Zusammenhang nur in einem Nebensatz fallen – wenn überhaupt.

Der Nobelpreis für Wissenschaft
wird immer gerecht verliehen

Der Nobelpreis gehört zu den weltweit begehrtesten Auszeichnungen, und die testamentarische Verfügung seines Stifters Alfred Nobel, dass mit seinem Vermögen eine Stiftung gegründet werden sollte, deren Zinsen »als Preis denen zuteilt werden, die im verflossenen Jahr der Menschheit den größten Nutzen geleistet haben«, verdient Bewunderung. Sie gebührt auch der Nobel-Stiftung, die vier Jahre nach dem Tod Nobels gegründet wurde und das Geld zu fünf gleichen Teilen auf die Gebiete Physik, Chemie, Physiologie oder Medizin, Literatur und für Friedensbemühungen verteilt. Nobelpreise für die Naturwissenschaften werden seit 1901 – also seit mehr als einem Jahrhundert – vergeben, was bedeutet, dass es einige hundert Menschen gibt, die zu Laureaten geworden sind und sich vor dem schwedischen König verneigen durften. Bei so vielen Entscheidungen keinen Fehler zu machen, ist nahezu ausgeschlossen, auch wenn die Auswahlverfahren so angelegt sind, dass Pannen nach menschlichem Ermessen kaum und auf keinen Fall leichtfertig passieren können.

Zweifellos hat der Nobelpreis seine hohe Wertschätzung verdient und verdankt seine Reputation auch der Tatsache, dass die Entscheidungen der für die Naturwissenschaften zuständigen Akademien in der überwiegenden Zahl der Fälle auch dem Urteil der Zeit standhalten und die Zustimmung von Historikern finden konnten. Keine Frage aber auch, dass sich einige Fehlentscheidungen feststellen lassen. Aus Fehlern wird man bekanntlich klug, und die Öffentlichkeit interessiert sich für solche kleinen Pannen im großen Getriebe. Im Zuge der Entdeckung des Penicillins, um die es gerade ging, bekamen drei Personen die begehrte Einladung nach Stockholm, und zwar ein Schotte, ein Australier und ein Brite: Alexander Fleming, Howard Florey und Ernst Chain. Wir haben aufgezeigt, warum die Berücksichtigung von Fleming nicht angemessen erscheint, und es wäre gut gewesen, wenn man statt seiner Norman Heatley nach Stockholm eingeladen hätte, der sich 1938 zusammen mit Florey und Chain an die systematische Erkundung und Produktion der antibiotischen Wirkstoffe gemacht hatte. Vermutlich hatten die Gutachter in Schweden kein Verständnis für die Leistung von Heatley, der ja nur Pilze wachsen ließ und chemische Substanzen aus ihnen isolierte, wobei wir diesen Verdacht äußern, weil er in mindestens einem Fall bestätigt werden kann.

Ebenfalls am Ende des Zweiten Weltkriegs wurde der Nobelpreis für Chemie an Otto Hahn vergeben, und zwar für die »Entdeckung der Kernspaltung von schweren Atomen«. Es soll nicht bezweifelt werden, dass Otto Hahn ein bedeutender Naturwissenschaftler war, dem große Beiträge zur Chemie zu verdanken sind. Es scheint nur, dass dieser Nobelpreis ihm nicht allein gebührte und dass zumindest auch Lise Meitner hätte geehrt werden müssen. Manchmal sagt man, dass Otto Hahn den Nobelpreis von Meitner bekommen hat, und damit meint man, dass sie die Experimente vorbereitet hat, die Otto Hahn von 1938 an weiterführte, nachdem Lise Meitner als Wiener Jüdin Deutschland verlassen musste und gezwungen war, ins Exil zu gehen. Lise Meitner hatte auch sofort – und besser als Hahn – das Resultat der Experimente im Winter 1938/39 verstanden, und sie konnte sogar die dazu nötige theoretische Erklärung liefern. Und an dieser Stelle setzt die ärgerliche Ungerechtigkeit ein. Denn das Komitee, das für die Vergabe des Nobelpreises für Chemie zuständig war, um den es unglücklicherweise für die Physikerin gehen sollte, bat einen Wissenschaftler um Rat, der zwar praktisch versiert war, aber den gesunden Menschenverstand nicht walten ließ. Er sichtete die Unterlagen, stellte fest, dass Lise Meitner zuletzt keinen experimentellen Beitrag mehr geliefert hatte – ohne sich zu fragen, wie ihr das im schwedischen Exil ohne angemessene Ausrüstung gelingen sollte –, und hielt die Entscheidung für Hahn für ausreichend.

Der Nobelpreis für das Insulin

Wenn man auf die Einzelheiten eingeht, wird die Sachlage rasch komplizierter, denn neben Lise Meitner und Otto Hahn gab es noch den Chemiker Fritz Straßmann und den Physiker Otto Robert Frisch, die beide an verschiedenen Orten zu den Bemühungen beigetragen haben, die Kernphysik am Ende der 1930er Jahre voranzubringen. Alle vier hätten den Nobelpreis verdient, aber zusammen durften sie keinesfalls berücksichtigt werden, denn die Statuten der Nobel-Stiftung erlauben dies nicht. Maximal drei Personen können sich einen Preis teilen, und das aus gutem Grund, denn sonst könnte leicht die erwünschte Exklusivität verlorengehen. Diese eisern durchgehaltene Dreierregel hat schon mal dazu geführt, dass ein Vierter nicht ausgezeichnet werden durfte – wie bei den Olympischen Spielen, die nicht zufällig zu derselben Zeit als friedlicher Wettstreit unter den Nationen wiederbelebt wurden, als Alfred Nobel sein Testament konzipierte.

Klar ist auf jeden Fall: Wenn vier Personen an einer nobelpreiswürdigen – und vielleicht sogar lebensrettenden – Entwicklung beteiligt sind, gerät das zuständige Komitee in Verlegenheit, es sei denn, es kann trickreich ausweichen und einem Physiker den Chemiepreis oder einem Chemiker den Physikpreis zusprechen. Wir lassen auch diese Fälle auf sich beruhen und wenden uns der mehr oder weniger missglückten Preisvergabe zu, weil bei ihr tatsächlich vier Personen zu berücksichtigen waren (und man etwas zu rasch entschieden und den Preis zu früh verliehen hat). Es geht um die Entdeckung des für Zuckerkranke unentbehrlichen Insulins, für die im Jahr 1923 der Kanadier Frederick G. Banting und der Schotte John J. R. Macleod mit dem Nobelpreis für Medizin ausgezeichnet wurden. Während einer von beiden den Preis nicht so recht verdient hat, taucht der wahrscheinlich wichtigste Forscher in der Insulin-Geschichte bis heute kaum in den entsprechenden Annalen und in den Lehrbüchern auf. Sein Name ist James Collip. Wer hat schon einmal von ihm gehört?

Die Geschichte, die zum Nobelpreis führte, begann 1921, als Experimente an der der Universität Toronto nachweisen konnten, dass ein Extrakt aus der Bauchspeicheldrüse (Pankreas) die Zuckerkrankheit unter Kontrolle halten konnte – bei Hunden. Kurz darauf riskierten einige Wissenschaftler, den nur sehr grob gereinigten Stoff am Menschen zu testen, und als das tatsächlich funktionierte und Leben rettete, wurde bereits 1923 der Nobelpreis für Medizin verliehen. Es lag zwar in der ursprünglichen Absicht des Stifters, Entdeckungen in dem Jahr auszuzeichnen, in dem sie gemacht worden waren. Aber seine Testamentsvollstrecker waren da vorsichtiger und vertraten die Ansicht, dass man sich bei der Auswahl der Laureaten etwas mehr Zeit lassen sollte – und vielleicht hätte man dies auch 1923 tun sollen. Doch das Insulin konnte offenbar den Tod besiegen, und die Menschen waren zu begeistert, um mit der Auszeichnung ein Jahr oder länger zu warten.

Süßer Urin

Das Ganze begann natürlich viel früher. Die Zuckerkrankheit bei Menschen wurde bereits im 17. Jahrhundert diagnostiziert, und zwar dadurch, dass mutige Mediziner durch Probieren entdeckten, dass der Urin süß schmeckte – so süß wie Honig, was im Namen *Diabetes mellitus* ausgedrückt wird. Am Ende des 19. Jahrhunderts hatte man beobachtet, dass die Bauchspeicheldrüse eine Rolle spielt, denn wenn man Hunden die Bauchspeicheldrüse entfernte, sammelte sich in ihrem Urin Zucker an. Die experimentelle Operation war zwar aus anderen Überlegungen heraus unternommen worden, aber den Forschern fiel eines Tages auf, dass sich Fliegen um den Hundeurin sammelten – und diese können bekanntlich nicht irren. Nach entsprechenden Messungen wurde bald auch den Biochemikern und Medizinern klar, was sie anlockte: Zucker.

Damit war der Diabetes-Forschung das Ziel vorgegeben – nämlich herauszufinden, was die Bauchspeicheldrüse im Normalfall produziert und bei Zuckerkranken nicht zustande bringt. An der Universität von Toronto machten sich Frederick Banting und Charles Best an die Arbeit, und zwar in der Abteilung für Physiologie, die von John Macleod geleitet wurde. Banting und Best bemühten sich in zahlreichen Tierversuchen darum, den von der Bauchspeicheldrüse ausgeschiedenen Faktor erst anzureichern und dann möglicherweise zu isolieren und zu identifizieren. Inzwischen war allgemein bekannt geworden, dass es die sogenannten Inselzellen – auch bekannt als Langerhans'sche Inselzellen – sind, die den entscheidenden Stoff ausscheiden, der seitdem Insulin genannt wird. Die experimentelle Herausforderung bestand zum einen darin, den Wirkfaktor mit chemischen Methoden zu extrahieren, und zum andern den medizinischen Nachweis zu führen, dass seine Verabreichung den frühzeitigen Tod der Hunde verhinderte, bei denen man die Bauchspeicheldrüse entfernt hatte.

Banting und Best unternahmen ihre Experimente, als ihr Chef in Urlaub war. Als sie ihm erste Erfolge nach seiner Rückkehr melden wollten – sie schwärmten dabei höchst optimistisch von Verbesserungen im Gesundheitszustand durch die Gabe eines Pankreasextrakts, ohne dies tatsächlich belegen zu können –, zeigte sich Macleod verärgert, weil die beiden offenbar zu schnell und zu schludrig vorgegangen waren. Er stellte ihnen den Biochemiker James Collip an die Seite, der – unter anderem mit methodischen Hinweisen von Macleod – zunächst den noch unbekannten Wirkstoff besser vom Rest zu trennen lernte. Er begann, die medizinischen Experimente sauber durchzuführen, wandte neue Methoden wie das Filtern der Extrakte an und nahm überhaupt im Lauf der Zeit das ganze Projekt unter seine Fittiche – sehr zum Ärger von Banting und Best, die daraufhin etwas übereilt eine biochemische Probe aus der Bauchspeicheldrüse an einem Zuckerkranken ausprobierten. Ihr unbedachtes Vorpreschen scheiterte erwartungsgemäß, mit der Folge, dass sie nun immer mehr von Collip abhängig wurden. Der Biochemiker konnte bald tatsächlich hochgereinigtes biochemisches Material aus dem Pankreas liefern, das anschließend diabetischen Kindern verabreicht wurde und deren Leben retten konnte. Collip informierte seinen Chef, Macleod, der voller Stolz die so erfolgte Entdeckung von Insulin im Juli 1923 verkündete – und noch im selben Jahr zusammen mit Banting den Nobelpreis entgegennehmen konnte.

In Stockholm

Mit Banting? Tatsächlich mit ihm. Und was war mit Best und Collip? Sie wurden immerhin bei den Feierlichkeiten in Stockholm erwähnt und finanziell bedacht. Macleod lobte Collip über alle Maßen und spendierte ihm die Hälfte seines Preisgeldes (ohne das Komitee direkt zu kritisieren). Banting tat zunächst dasselbe für Best. Er rühmte seinen Juniorpartner, doch dann beschimpfte er seinen Chef, obwohl er gerade mit ihm ausgezeichnet worden war. Banting fühlte sich bärenstark. Er ritt auf einer Welle der patriotischen Zustimmung, da er der erste Kanadier war, der den Nobelritterschlag bekommen hatte und die dazugehörigen – vitalen – Entdeckungen in Toronto, seinem Heimatland, gelungen waren. Und in dieser Stimmung beschuldigte er Macleod, die Forschungsarbeiten eher behindert zu haben, wobei sich die heutigen Wissenschaftshistoriker darüber einig sind, dass Banting und Best so zerfahren und schludrig experimentiert und so viele leichtfertige Behauptungen publiziert hatten, dass ihre Beiträge ohne Collip und Macleod niemals in der Medizingeschichte Erwähnung gefunden hätten.

Bantings Stockholmer Lob für seinen Partner Best war übrigens eine einmalige Angelegenheit. An anderen Stellen behauptete er, der führende Kopf des Duos gewesen zu sein, mit der Folge, dass Best auf eine Gelegenheit wartete, um sich zu rächen. Sie bot sich ihm nach Bantings Tod im Jahr 1941. Dann begann der einstige Junior, seine Tiraden loszulassen und zum Beispiel zu verkünden, er persönlich habe den ersten Pankreasextrakt produziert, der Patienten verabreicht wurde. Außerdem streute er die Behauptung, der große Chef Macleod sei die ganze Zeit in Europa gewesen, während Best nach dem Insulin forschte und seine Wirkung nachwies. Die Auftritte von Best mögen peinlich gewesen sein, gewirkt haben sie doch. In vielen Lehrbüchern findet man bis heute den Eintrag, dass Best und Banting – in dieser Reihenfolge – das Insulin entdeckt haben, und zwar ganz ohne Hilfe. Dafür hätten dann auch beide den Nobelpreis für Medizin bekommen – so steht es in einigen Chroniken als Tatsache, obwohl sie gar keine ist.

»Ohne Shakespeare gäbe es seine Werke nicht, aber ohne Einstein gäbe es seine Theorien«

Es gibt natürlich auch Wissenschaftler, die die begehrte Auszeichnung aus Stockholm deshalb nicht bekommen haben, weil ihnen jemand zuvorgekommen ist und den besseren Weg eingeschlagen hat, der zur gekrönten Lösung geführt hat. Ein Beispiel dafür ist der aus dem nationalsozialistischen Deutschland nach Paris und schließlich nach New York emigrierte Biochemiker und Essayist Erwin Chargaff, der in den ersten Nachkriegsjahren an dem Stoff arbeitete, aus dem die Gene sind. Gemeint sind die als Nukleinsäuren bekannten Moleküle, die als Gene dienen. Dass die mit den drei Buchstaben DNA abgekürzten Bestandteile einer Zelle – sie finden sich vornehmlich im Zellkern – tatsächlich für die Weitergabe der Erbinformation zuständig waren, wusste man seit der Mitte der 1940er Jahre und ganz sicher nach 1952. Damit begann ein Rennen um das Verständnis ihrer Struktur: Wie sahen Gene aus? Wie waren sie aufgebaut, und was versetzte sie in die Lage, sich zu verdoppeln?

Einer der Teilnehmer an dem Rennen war Erwin Chargaff, der die Lösung alleine finden wollte und sie ausschließlich in seiner Wissenschaft, der Chemie, zu finden vermutete. Zu seinen Konkurrenten zählte das britisch-amerikanische Duo Francis Crick und James Watson, das jede Hilfe annahm, die ihm von anderen geboten wurde, und bei der Lösung auf eine Kombination von vielen Einzelwissenschaften und deren Ergebnisse setzte. Wir wissen heute, dass Watson und Crick im Frühjahr 1953 das Rennen gewonnen haben durch den Vorschlag der heute berühmten Doppelhelix – und wir wissen auch, dass die Sieger wegen der Schönheit ihres Ergebnisses den besonderen Rang bekommen haben, zu den berühmtesten Biologen des 20. Jahrhunderts und vielleicht sogar darüber hinaus gezählt zu werden. Einer von ihnen – James Watson – hat einen persönlichen Bericht über diesen Erfolg verfasst, der so heißt wie die Struktur, die er mit Crick zusammen aus der Taufe gehoben hat: *Die Doppelhelix*. Es ist ein wunderbares Buch, das viele Jahre lang die internationalen Bestsellerlisten angeführt und so viele Besprechungen bekommen hat, dass man daraus ein weiteres Buch zusammenstellen konnte. Eine dieser Rezensionen stammt von Chargaff, und mit ihr kommen wir endlich auf die zwar unsinnige, aber leider immer wieder vorgebrachte Behauptung dieses Kapitels zu sprechen.

Die Prozedur

Einige Leser werden sich bestimmt über dieses Urteil wundern, weil sie anderer Meinung sind. Es stimmt doch wohl, dass es Shakespeares Werke ohne den Dichter nicht gegeben hätte. Und was Einsteins Theorien angeht, so hört man doch immer wieder, dass etwa der Franzose Henri Poincaré mit ähnlichen Überlegungen befasst war und der Holländer Hendrik Antoon Lorentz ebenfalls wichtige Beiträge dazu geleistet hatte. Hätte es Einstein nicht gegeben, hätten uns Poincaré und Lorentz seine Theorie vorgelegt?

Man findet diesen Gedanken sogar in dem Roman *Die Prozedur* von Harry Mulisch, in dem sich der Autor auf das oben angeführte Beispiel mit der Doppelhelix bezieht. In dem Text von Mulisch spielt ein Biochemiker namens Victor Werker mit, und der äußert als Biologe folgende Ansicht:

Wenn Watson und Crick die Struktur der DNA nicht entschlüsselt hätten, dann hätte es innerhalb der nächsten zwei, drei Jahre jemand anders getan, aber was für die Wissenschaft gilt, trifft nicht für die Literatur zu, denn wer immer nach Watson gekommen wäre, der hätte nicht anschließend dieses Buch [*Die Doppelhelix*] geschrieben.

Und Werker lernt daraus für sich selbst:

Für meine eigenen Forschungen gilt das Gleiche; aber wenn Kafka nicht den *Prozess* geschrieben hätte, dann wäre dieser Roman bis in alle Ewigkeit ungeschrieben geblieben. Kurzum, es ziemt uns, bescheiden zu sein.

Vermutlich stimmen selbst viele naturwissenschaftlich tätige Leser dieser Bemerkung zu, weil sie den Zusammenhang zwischen Kunst und Wissenschaft genauso sehen – und damit die Qualität ihrer eigenen Arbeit abwerten, ob sie es merken oder nicht. Schließlich sagen oder denken sie, was Doktor A heute nicht erreicht hat, wird morgen Doktor B oder spätestens übermorgen Doktor C erreichen. Nur was Dichter D heute geschrieben hat, das kann kein anderer schreiben, das kann nur er so machen.

Hinter diesem sich hartnäckig haltenden Vorurteil steckt die offenbar nicht zu erschütternde Ansicht, dass es zwar besondere (geniale) Menschen sind, die künstlerische Schöpfungen hervorbringen, dass die Wissenschaft aber durch austauschbare (anonyme) Wesen vorankommt. Es sind nicht die Menschen, die Wissenschaft machen. Es ist vielmehr die Wissenschaft, die Menschen (berühmt) macht – und Watson liefert genau das geeignete Beispiel, wie es vielen scheint, die dann nicht weiter nachdenken.

Das Seltsame an der zitierten Stelle bei Mulisch besteht darin, dass er so schreibt, obwohl er die literarische Arbeit von Watson – seine zweite Doppelhelix – sehr hoch einschätzt. Der Vergleich zwischen der Publikation von 1953, in der die Struktur des Erbmaterials zum ersten Mal beschrieben worden ist, und Werken der Kunst ist nämlich ursprünglich verwendet worden, um Watsons autobiographischen Text von 1968 abzuwerten, was uns zu dem Biochemiker Chargaff zurückbringt, der eine wichtige Rolle auf dem Weg zur Doppelhelix gespielt hat und in Watsons persönlichem Bericht vorkommt. Chargaff gefiel die »literarische« Doppelhelix überhaupt nicht, und er verwarf sie noch im Erscheinungsjahr aus grundsätzlichen Überlegungen. In einer Rezension verbreitete er das beliebte Gerücht, dass Naturwissenschaftler uninteressante Menschen sind, die im Vergleich zu Künstlern ein langweiliges und ereignisarmes Leben führen. Er erklärte dann auch, warum Künstler biographisch um vieles ergiebiger seien. Dies liege – Chargaff zufolge – daran, dass es einen zentralen Unterschied gebe zwischen den seiner Ansicht nach stets einmaligen Schöpfungen von Künstlern einerseits und den oft banalen Hervorbringungen von Naturwissenschaftlern andererseits. Und an dieser Stelle taucht in aller Deutlichkeit das Argument auf, dessen Nachhall drei Jahrzehnte später bei Mulisch zu lesen ist und das in den meisten Köpfen umherspukt. *Timon von Athen* – so Chargaff – wäre nie geschrieben, *Les Desmoiselles d'Avignon* wäre nie gemalt worden, wenn Shakespeare und Picasso nicht existiert hätten. Aber von welchen naturwissenschaftlichen Errungenschaften könne Gleiches behauptet werden? Ist es nicht so, dass es Impfstoffe gegen die Tollwut auch ohne Pasteur, ein Atommodell auch ohne Bohr und die Doppelhelix ohne Watson und Crick gegeben hätte?

Ein Werk und sein Inhalt

Wer sich auf Partys oder bei anderen Gelegenheiten umhört und Chargaffs Ansicht zum Besten gibt, wird feststellen, dass ihm fast alle zustimmen, sogar Harry Mulisch, wobei er diese Worte vorsichtshalber einem Naturwissenschaftler in den Mund legt. Er verdeutlicht auf diese Weise, was leider der Fall ist, dass nämlich viele Forscher an die Einmaligkeit künstlerischer Schöpfungen und die Zufälligkeit unabänderlicher wissenschaftlicher Entdeckungen glauben. Immerhin steigert Mulisch die Höhe des Vergleichs, denn während Chargaff das schwächste Stück von Shakespeare heranzieht, um der Arbeit von Watson und Crick auch den kleinsten Anspruch auf Qualität zu nehmen, wählt Mulisch immerhin ein Hauptwerk von Kafka, um die Präsentation der Doppelhelix in den Blick zu bekommen.

Verwirrend bleibt, dass weder Mulisch noch andere Literaten selbst Jahrzehnte nach Chargaff nicht gemerkt haben, dass der angestellte Vergleich nicht nur falsch, sondern sogar sinnlos ist. Schließlich wird da etwas verglichen, was nicht einmal im Ansatz zu vergleichen ist, nämlich ein Roman beziehungsweise ein Theaterstück auf der einen und das Ergebnis einer wissenschaftlichen Untersuchung auf der anderen Seite. Der *Prozess* ist ein Roman, *Timon von Athen* ist ein Drama, und die Doppelhelix ist eine Struktur, und Bohrs Konzeption des Atoms ist ein Modell. Das eine sind Werke, und das andere sind Inhalte, und wenn beides verglichen wird, kann nur Unsinn herauskommen. Man muss sich fragen, warum sich dieses dumme Vorurteil so hartnäckig hält, und zwar auch unter intellektuell anspruchsvollen Poeten, die dem wissenschaftlichen Treiben doch sonst mit Vergnügen zuschauen.

Das Ende der Bescheidenheit

Hier muss die Psyche zur Erklärung herangezogen werden. Mulisch lässt seinen Helden Werker am Ende des Zitats etwas über Bescheidenheit murmeln, und das heißt doch wohl, dass sich Wissenschaftler nicht einbilden sollen, ihre Kreativität mit der von Dichtern und anderen Künstlern messen zu können. Offenbar wehrt sich unser kollektives Unbewusstes gegen das Eingeständnis, dass Wissenschaft schöpferisch und kreativ sein kann und ist. Irgendwie suchen wir gerne falschen Trost bei dem Gedanken, dass Wissenschaften nur entdecken, was schon da ist, ohne etwas zu erschaffen, während die Künste erschaffen, was vorher nicht da war, ohne etwas zu entdecken.

Stellen wir die konkrete Frage bei dem angeführten Beispiel: War die Doppelhelix immer schon so, wie sie heute ist? Und war sie schon da, bevor Watson und Crick sie 1953 beschrieben haben? Wer hier rasch Ja antworten will, sollte wissen, dass es danach weitere Fragen gibt. Angenommen, jemand sagt, die Doppelhelix gab es schon vor Watson und Crick, dann würde man gerne wissen, wo sie denn damals war. Die Antwort kann nicht »in der Natur« oder »in einer Zelle« heißen, denn die Doppelhelix ist kein konkret vorliegendes DNA-Molekül, und wer »in der Natur« sucht oder »in einer Zelle« nachsieht, wird dort nichts Derartiges finden. Die DNA ist eine Abstraktion, die von uns als Symbol gefasst und kommuniziert wird. Ihr Auftauchen verdanken wir den langwierigen Bemühungen vieler Biowissenschaftler, Physiker und Kristallographen. In der natürlichen Welt – in den Zellen der lebendigen Körper – gibt es nicht so etwas wie ein DNA-Molekül, und es gibt erst recht nicht die Doppelhelix, die eher aus der wissenschaftlichen Literatur bekannt ist und ihren ästhetischen Reiz als Symbol ausübt.

Es ist einfach falsch zu sagen, die Struktur der DNA war, was sie war, bevor Watson und Crick sie vorlegten. Es ist vielmehr richtig zu sagen, dass die Doppelhelix sowohl Schöpfung als auch Entdeckung ist, und der Bereich ihres Daseins ist nicht die Natur, sondern die Gedankenwelt und Literatur der Naturwissenschaft. Mit anderen Worten: Der Unterschied zwischen Entdeckung und Schöpfung hat in der Naturwissenschaft wenig philosophische Bedeutung. Naturwissenschaftler und Dichter repräsentieren die gleiche Höhe der Kultur – alles andere wäre falsche Bescheidenheit und dient der Verbreitung von Legenden, die uns nicht helfen.

Die Wissenschaft kennt keine Klassiker

Auch wenn viele das nicht hören möchten: Hierzulande besteht zwischen den Naturwissenschaften und anderen schöpferischen Leistungen – Literatur, Malerei, Musik – ein tiefer Graben, den der englische Physiker und Romancier Charles P. Snow vor rund einem halben Jahrhundert auf den Begriff der zwei Kulturen gebracht hat. Snow regte die Hochnäsigkeit von sogenannten Intellektuellen an der Eliteuniversität von Cambridge auf, die auf der einen Seite ihre Nase rümpften, wenn sie jemanden trafen, der mit Shakespeares Sonetten nichts anzufangen wusste, während sie es auf der anderen Seite für überflüssig hielten zu verstehen, wovon der Zweite Hauptsatz der Thermodynamik handelte.

Zur Erinnerung: Die eben erwähnte Gesetzmäßigkeit der Naturforschung tritt einem Ersten Hauptsatz an die Seite, der von der Erhaltung und Unzerstörbarkeit der Energie handelt. Der Zweite Hauptsatz drückt aus, dass physikalische Systeme dazu tendieren, ihre Ordnung (Strukturen) zu verlieren und den Zustand anzustreben, der am wahrscheinlichsten ist. In der Öffentlichkeit wird meistens zustimmend genickt, wenn man erwähnt, was Snow bemerkt hat, dass nämlich die Gebildeten Shakespeares Sonette kennen, nicht aber den Zweiten Hauptsatz der Wärmelehre, ohne dass die Beipflichtenden bemerken, dass sie damit den katastrophalen Zustand unserer Kultur akzeptieren. Die Naturwissenschaften werden weithin nicht als Bildungsbestandteil betrachtet, deren Geschichte es zu kennen lohnt. Kein Wunder, dass unter dem Jubel der

Feuilletons kurz vor der Jahrtausendwende (1999) ein Buch erscheinen konnte, das *Bildung* hieß und im Untertitel versprach, »Alles was man wissen muss« zu enthalten, ohne auch nur halbwegs ernsthaft den Versuch zu unternehmen, den naturwissenschaftlichen Bereich wenigstens ansatzweise zu berücksichtigen.

Die Behauptung, dass die Theorie der Evolution, die Quantensprünge der Atome oder die genetische Basis des Lebens nicht zum Bildungsstoff gehören, leuchtet deshalb vielen sich sonst an Kultur orientierenden Menschen ein, weil sie keine Personen vor Augen haben, die sie mit diesen Lehren verbinden. Wenn von Musik, Literatur oder Malerei die Rede ist, fallen einem sofort Namen wie Mozart, Brecht oder Rembrandt ein, und wir richten unsere Bildung an diesen Klassikern aus. Große Leistungen auf den genannten Gebieten verbinden wir mit großen Namen, aber wir haben ein Manko in unserer Bildung, wenn es um Naturwissenschaften geht. Dadurch entsteht der Graben zwischen den zwei Kulturen, den Snow selbst erkennen lässt. Er spricht zwar auf der einen Seite von einem Dichter – Shakespeare –, auf der anderen Seite aber nicht von einem Forscher. Der Zweite Hauptsatz hat entweder keinen Schöpfer, oder dieser Schöpfer hat keinen Namen. Er bleibt unbekannt und fremd wie die ganze Naturwissenschaft, der dadurch ein Gesicht fehlt. Kein Wunder, dass die Menschen lieber weg- als hinschauen und sich Kafka und Kleist zuwenden.

Das Namenlose findet man selbst bei Autoren, die für die Naturwissenschaft leben und zu ihr beitragen. Der Wiener Physiker Victor Weisskopf versucht zum Beispiel in seiner Autobiographie die gleichrangige Bedeutung von Kunst und Wissenschaft zu empfehlen, indem er sagt, wir sollten auf »Mozart und die Quantenmechanik« stolz sein. Und neulich konnte man in der Zeitschrift *New Scientist* den gut gemeinten Hinweis lesen, dass die Theorie der Relativität ihren Platz in der kulturellen Landschaft ebenso beanspruchen könne wie Beethoven. Klassiker hier, Disziplinen dort; Menschen mit Namen hier, Abstraktionen ohne Gesicht dort – das macht die tiefe Kluft zwischen den beiden Kulturen aus, und die gilt es in einer Gesellschaft zu schließen, die ernsthaft angefangen hat, von Bildung zu reden, und damit nicht den Museumsbesuch am Wochenende meint, sondern die Grundlage einer zukunftsfähigen Lebensform, die unserer Wissenschaftskultur entspricht.

Es ist nicht zutreffend, dass die Naturwissenschaft keine Klassiker hat. Es stimmt nur, dass wir sie nicht lesen und zur Kenntnis nehmen. Es gibt wunderbare Texte zum Beispiel von Max Planck (*Kausalgesetz und Willensfreiheit, Wissenschaft und Glaube*), Werner Heisenberg (*Die Einheit der Natur bei Alexander von Humboldt und in der Gegenwart, Die Tendenz zur Abstraktion in moderner Kunst und Wissenschaft*), Max Born (*Über den Sinn von physikalischen Theorien, Entwicklung und Wesen des Atomzeitalters*) und selbstverständlich Albert Einstein (*Die Religiosität der Forschung, Der wahre Wert eines Menschen*). Nicht zu vergessen auch Schriften aus früheren Jahrhunderten.

Was für herrliche Texte gibt es unter anderem von Hermann von Helmholtz, der sich über Tonempfindungen und das Wahrnehmen des Wirklichen äußert, von Georg Christoph Lichtenberg, wenn er von der Luft und vom Licht berichtet, oder von Leonhard Euler, wenn er Briefe an eine Prinzessin schreibt, um ihr sein Vergnügen an der Naturkunde zu vermitteln.

Die Geschichte der Naturwissenschaft kennt eine Fülle von Personen, die das Zeug zum Klassiker haben. Wir brauchen nur Mut, über den Graben zu springen, der sie zu Außenseitern macht. Vielleicht bringen die Philologen diesen Mut auf, indem sie sich naturwissenschaftliche Texte vornehmen und sie so gut lesbar machen wie die Klassiker der Literatur.

Galileo Galilei ging es nur um die Wahrheit

Wenn es eine historische Figur in der Geschichte der Naturwissenschaft gibt, die am ehesten das Zeug zum Klassiker haben könnte, dann fällt den meisten Menschen Galileo Galilei ein. Immerhin gibt es ein Theaterstück über den italienischen Mathematiker, Astronomen und Höfling – *Leben des Galilei*, das der Klassiker Bert Brecht geschrieben hat. Galilei selbst hat einige als klassisch zu bewertende Texte verfasst, die von einer neuen Wissenschaft künden und in denen Dialoge über Weltsysteme geführt werden. Galileis Leben selbst steckt voller spannender Momente, die von der Erfindung des Fernrohrs über die (allerdings knapp verpasste) Entdeckung erster Gesetze der Bewegung bis hin zu seiner Auseinandersetzung mit der Kirche um das kopernikanische Modell des Universums reichen, bei dem sich die Erde um die Sonne dreht. Und wie nachzulesen ist, hat die Kirche mit ihrer Inquisition Galilei zwar ins Gefängnis geworfen und ihm offenbar auch mit der Folter gedroht, aber er soll sich unbeirrt für die wissenschaftliche Wahrheit, und nur für die Wahrheit eingesetzt haben.

Andere Sachverhalte

Zweifellos war Galilei ein überragender und grandioser Wissenschaftler. Zu Recht fällt bis heute sein Name, wenn Physik unterrichtet wird – etwa in Form der sogenannten Galilei-Invarianz, der zufolge die Gesetze der Natur sich nicht ändern, wenn man vom ruhenden Dasein in das einer gleichförmigen und gleichmäßigen Bewegung wechselt. Galilei hatte – wie viele vor ihm – bemerkt, dass Wasser auf einem dahintreibenden Schiff genauso fließt wie an Land und Gegenstände in beiden Fällen genau gleich zu Boden fallen, nur hatte er im Gegensatz zu den anderen daraus den Schluss über die Invarianz, die Unveränderlichkeit, gezogen. Galilei hat gewiss Großes in der Wissenschaft geleistet, aber daraus folgt leider nicht, dass es ihm vor allem um die Wahrheit ging. Man hat fast den Eindruck, es ging ihm mehr um Ruhm und Aufmerksamkeit. An ihm war immer auch etwas Widersprüchliches, ja Hinterhältiges. Galilei war stets kampfeslustig und riskierte eine dicke Lippe, selbst dann, wenn seine Argumente eher dürftig waren.

Nehmen wir zum Beispiel seine berühmte These, dass das Buch der Natur in der Sprache der Mathematik geschrieben ist. Wir nehmen das heute für bare Münze und bewundern Galileis Weitsicht, die darin zum Ausdruck zu kommen scheint. Aber solche Sätze klingen eher wichtigtuerisch, sie heben ihn selbst – als Professor der Mathematik – in den Rang des Experten, und dabei ist er selbst bei dem Versuch gescheitert, etwa das schlichte Gesetz für den freien Fall zu formulieren. Er war ihm zwar auf der Spur, hat es aber nicht zu fassen bekommen.

Betrachten wir weiter seinen Umgang mit dem Fernrohr, das ihm 1609 zugespielt wurde und mit dessen Hilfe er begann, sich den Ideen des Kopernikus zu widmen (vorher hatte er kein Interesse an der Drehung der Erde gezeigt). Galilei hat seinem Dienstherrn vorgeschwindelt, das Teleskop selbst entwickelt zu haben (in der Absicht, eine bessere Position zu bekommen und seine Bezüge aufzubessern). Er hat es tatsächlich käuflich erworben, um es anschließend – immerhin – zu verbessern.

In den folgenden Jahren hat Galilei sicher eine Menge Einsichten mithilfe des Fernrohrs gewonnen – etwa dass es Berge auf dem Mond gibt und dass der Jupiter Monde hat, die ihn umkreisen –, aber am meisten hat ihm wohl Spaß gemacht, seine Zeitgenossen mit dem neuen Gerät zu verschrecken und zu attackieren, etwa wenn sie nicht durch das Instrument schauen wollten oder nichts zu erkennen vermeinten, nachdem sie es getan hatten. Aber Galilei hat auch verärgert reagiert, wenn andere ihm mit einer Entdeckung zuvorkamen. 1618 zum Beispiel beobachteten Jesuiten am Collegio Romano drei merkwürdige Objekte am Himmel, die wir heute als Kometen kennen. Sie konnten zwar mit ihren damaligen Kenntnissen nicht viel über die sich selten zeigenden Himmelskörper sagen, hatten aber den Mut, sie der supralunaren Sphäre zuzurechnen, also anzunehmen, dass sie weiter von der Erde entfernt sind als der Mond. 1619 publizierten die Jesuiten dann ihre Vermutung, die Kometen seien sogar weiter weg als der Merkur oder die Sonne.

Galilei war zwar auch dieser Ansicht, den Jesuiten aber einfach zuzustimmen, wäre völlig unspektakulär gewesen. Also veröffentlichte Galilei – unter dem Namen eines Freundes – eine Erwiderung, in der er sämtliche unwissenschaftlichen Register zog und mit Mitteln der Polemik, Unterstellung und Verneblung operierte. Es wäre ein Fest für jede Talkrunde, deren Moderatoren einen wie Galilei jederzeit gebrauchen können, gerade weil er als Experte so leicht zu durchschauen ist.

Galilei und der Papst

Er wäre zudem für unsere heutigen Medien ein äußerst prominenter Gast, denn immerhin hat er mit dem Papst selbst gestritten, als es in den 1630er Jahren in Rom um die Wahrheit der kopernikanischen Idee ging, dass sich die Erde dreht und nicht im Mittelpunkt der Welt ruht. Galilei hatte sich mit dem Fernrohr am Himmel umgeschaut und dort nicht nur sehr viel mehr Sterne gefunden, als man bis dahin gezählt hatte, sondern sich selbst nach und nach klargemacht, dass viele Beobachtungen besser unter der Annahme einer zentralen Sonne erklärt werden konnten. 1632 erschien sein *Dialog über die beiden hauptsächlichen Weltsysteme*, in dem er sich zu Kopernikus bekannte und deutlich dem Dekret des Heiligen Offiziums widersprach, das 1616 festgelegt hatte, der Gedanke einer sich um die Sonne drehenden Erde sei »irrtümlich im Glauben«.

Der Standpunkt des Vatikans musste Galilei aufregen, der ja dabei war, den (alten) Glauben durch das (neue) Wissen abzulösen. Also nahm er den Kampf mit den kirchlichen Doktrinen auf, und der Papst stellte sich. Urban VIII. sah Galilei besonders genau auf die Finger, weil der Wissenschaftler den Stellvertreter Christi auf Erden in dem erwähnten *Dialog* unter dem Namen des Dummkopfs Simplicius hatte auftreten lassen. Nun stellte dieser scheinbar einfältige Mann eine ebenso einfache Frage, nämlich, ob Galilei die Wahrheit des kopernikanischen Modells nicht nur behaupten, sondern beweisen könne.

Es war eine gute Frage, und die Antwort ist für alle Zeiten klar. Sie lautet Nein und sogar zweimal Nein. Zum einen gibt es – auch nach Galilei – Beweise nur in der Mathematik (aber nicht am Himmel), und zum andern konnte die Wissenschaft tatsächlich erst im 19. Jahrhundert durch astronomische Evi-

79

denz (Ermittlung einer Parallaxe) Pluspunkte für das helio-zentrische Modell sammeln und es durch Präzisionsmessungen überzeugend begründen.

Doch Galilei sagte nicht Nein. Es ging ihm ja auch nicht um die – jeweils nachweisbare und prüfbare – Wahrheit, sondern um die Lust am Streiten und die Möglichkeit, der Kirche ihre Rückständigkeit vorzuhalten. Die Kirche verurteilte ihn zum Widerruf und zum Hausarrest, aber sie hütete sich davor, ihn in ein Gefängnis zu sperren, und körperliche Folter hat sie ganz sicher bei Galilei nicht eingesetzt. Sie hat ihm aber damit gedroht, und so steht die Kirche schlechter da als der Wissenschaftler. Immerhin hat die Geistlichkeit im Lauf der Jahrhunderte gemerkt, dass sie auf verlorenem Posten kämpft, was die Mechanik des Himmels angeht, und als Folge davon hat Papst Johannes Paul II. im Jahr 1992 Galilei rehabilitiert und erklärt, seine Verurteilung sei das Ergebnis »eines tragischen wechselseitigen Unverständnisses zwischen dem Wissenschaftler und den Richtern der Inquisition«.

Galilei hätte diese Beurteilung vielleicht gar nicht gefallen. Er hätte betont, dass es langweilig sei, wenn sich alle einig sind, und sich ein neues Streitthema gesucht. Der Gedanke, dass sich der Papst zum Beispiel mit dem Urknallmodell zur Entstehung des Kosmos anfreunden könnte, weil die biblische Erzählung von der Schöpfung dadurch eine wissenschaftliche Erklärung erfahren würde, hätte Galilei gerade gegen diese Idee aufgebracht. Vielleicht hätte er mit den Worten geschimpft, dass eine Physik, die den Anfang der Welt mit einem Knall erklärt, selbst einen hat. Die Einladung in die nächste Talkshow wäre ihm damit sicher.

Die Wissenschaft macht die Religion überflüssig

Galilei wird immer wieder als Beispiel für den unauflösbar scheinenden Konflikt zwischen der Religion und dem Glauben auf der einen und der Wissenschaft und dem Wissen auf der anderen Seite zitiert. »Glauben heißt nichts zu wissen«, wie man uns in der Kindheit eingetrichtert hat, um dann die scheinbar witzige Frage anzuschließen: »Was ist flüssiger als Wasser?« »Suprafluides Helium« würde man als Erwachsener sagen, aber damit wäre man damals nicht weit gekommen. Denn die erwartete Antwort hieß »die Religion«, weil sie überflüssig ist. Das heißt, sie sollte durch die Wissenschaft überflüssig werden, wie man einmal dachte, als es auch als zeitgemäß galt, von den Rückzugsgefechten Gottes zu sprechen. Er zog sich – in diesem Bild und Denken – dorthin zurück, wo die wissenschaftliche Forschung ihn noch nicht aufgescheucht hatte.

Diesem Glauben an die vollständige Erklärbarkeit der Welt standen und stehen Überzeugungen gegenüber, dass die Naturwissenschaft nur irrelevante Dinge wie die Reibung beim Rutschen auf Schmierseife erkunden kann und ansonsten die großen Fragen wie »Woher kommen wir?« den Religionen überlassen muss. Es gibt offenbar mächtige – jedenfalls lautstarke – Gruppen, die den vernünftigen und prüfbaren Vorschlag einer Evolution des Lebens und der Menschen vehement von sich weisen und stattdessen einem angeblich »intelligenten Designer« das Feld überlassen.

Lassen wir uns aber nun auf das Wechselspiel zwischen

Glauben und Wissen ein – zwischen dem Vertrauen in (einen) Gott und der Überzeugung, Wissen erwerben zu können. Galileis Streit mit dem Papst und der Inquisition um das Verstehen der Himmelsbewegungen ist dabei ebenso unglücklich wie die Auseinandersetzung, zu der es nach 1859 kam, als Charles Darwin eine natürliche Erklärung für die Vielfalt des Lebens – also die Schöpfung – vorschlug und sich mit diesem Gedanken der Evolution daranmachte, die Herkunft des Menschen als Frage der Wissenschaft zu behandeln. Zwar trifft es zu, dass Darwin persönlich keinen Zugang zu einem (irgendwie gerecht vorgehenden und menschliches Elend abweisenden) Gott finden konnte. Aber sein Vorschlag einer durch natürliche Selektion von zufälligen Varianten entstandenen Lebensfülle war genau das – ein Vorschlag, eine wissenschaftliche Hypothese, die sich zu bewähren hatte und uns viele Aufgaben stellte, mit deren Bewältigung wir nach wie vor in vielen Details zu tun haben.

Von Newton zu Planck

Zu Beginn der modernen Wissenschaft zeigten die Begründer wenig Neigung, ihren Glauben durch ihr Wissen erschüttern zu lassen. Isaac Newton zum Beispiel schien sich nicht daran zu stören, dass Gott ab und zu einmal in das himmlische Geschehen eingriff, um es wieder in stabile Bahnen zu lenken. Newton hatte zwar durch seine Gleichungen für die Bewegungen der Planeten gezeigt, dass es so etwas wie ein kosmisches Uhrwerk gab, bei dem die Erde als ein Rädchen mitmachte. Er hatte aber – besser als selbst viele Wissenschaftler heute – auch verstanden, dass die Lösungen seiner Gleichungen nicht determiniert waren, dass es zu Abweichungen und Zusammenstößen kommen konnte und Stabilität durch die Physik keinesfalls garantiert war. Dafür gab es Gott, der alles im Blick hatte und gegebenenfalls die nötigen Korrekturen vornahm.

Natürlich finden wir heute einen solchen Gott eher komisch, aber den Gedanken an ihn haben große Wissenschaftler keineswegs aufgegeben. Wer sich zum Beispiel mit dem Vater der Quantensprünge, Max Planck, beschäftigt, wird seine Grundhaltung kennen lernen, dass Religion und Wissenschaft nicht gegeneinander angetreten sind, sondern im Gegenteil miteinander wirken können – nämlich gegen Magier, Esoteriker, Astrologen und andere »Feinde der Wissenschaft«, wie Planck sie mutig nannte. Naturforscher agieren eher dicht am religiösen Feld, wie sich bei Planck zeigt, der sich zu seinen Lebzeiten nicht scheute, einige Naturgesetze mit dem Attribut »heilig« zu versehen – der heilige Energiesatz zum Beispiel. Für ihn standen Naturwissenschaften und Religion auf derselben Seite des humanen Kampfs gegen Aberglauben und Ideologie, mit dem Unterschied, dass der religiöse Mensch am Anfang bei Gott ist und der wissenschaftliche Mensch am Ende zu Gott findet.

Damit will Planck auf die Tatsache hinweisen, dass gelungene Einsichten in das Wirken der Natur in dem sie vollziehenden Menschen religiöse Gefühle auslösen können, weil sie Erfahrung von Selbsttranszendenz vermitteln. Man wird eins mit der Natur und ist im Vollzug außer sich vor Glück, wie es im Volksmund heißt. Und wer vermitteln will, was Naturwissenschaft kann, sollte ruhig darauf eingehen, wenn er Menschen erreichen will, deren Kulturverständnis in der Kunst beginnt und die mit existenziellen Erlebnissen schöpferisch tätiger Individuen vertraut sind.

Die Achsenzeit

Die selbstverständliche Verbindung von Glauben und Wissen, Religion und Forschung, die wir bei den zeitlichen Polen Newton und Planck finden, hat eine tiefe historische Ursache, die Karl Jaspers in seinem 1949 erschienenen Buch *Vom Ursprung und Ziel der Geschichte* entdeckt und vorgestellt hat. Jaspers verdichtet hierin viele ältere historische Untersuchungen zu der Beobachtung, dass der Ursprung der Weltreligionen – wie auch der griechischen Philosophie – in den Jahren zwischen 800 und 200 v. Chr. zu finden ist. Jaspers nennt diesen Abschnitt der menschlichen Geschichte die »Achsenzeit« und schreibt dazu:

> In dieser Zeit drängt sich Außerordentliches zusammen. In China lebten Konfuzius und Laotse, entstanden alle Richtungen der chinesischen Philosophie (…) – in Indien entstanden die Upanishaden, lebte Buddha, wurden alle philosophischen Möglichkeiten bis zur Skepsis und bis zum Materialismus, bis zur Sophistik und zum Nihilismus, wie in China, entwickelt –, im Iran lehrte Zarathustra das fordernde Weltbild zwischen Gut und Böse, in Palästina traten die Propheten auf von Elias über Jesaias und Jeremias bis zu Deuterojesaias, Griechenland sah Homer, die Philosophen – Parmenides, Heraklit, Plato – und die Tragiker, Thukydides und Archimedes.

Während der »Achsenzeit« – die parallelen Prozesse, die zu ihr hinführen, und deren Ursprung und Wesen müssen noch erforscht werden – verlässt die Menschheit ihre mythische Phase, wie Jaspers meint. Ihre intellektuellen Vertreter beginnen über die Bedingungen des humanen Lebens (Existierens) nachzusinnen. Sie entdecken dabei die Möglichkeit, den Göttern, die bislang im Irdischen verankert waren, einen eigenen Ort – einen Platz im Himmel – zuzuweisen, und sie werden im Volk verstanden. Die Wende der Achsenzeit erfasst alle, und mit der in ihr vollzogenen Aufteilung entsteht eine Spannung zwischen dem Diesseits (dem Weltlichen) und dem Jenseits (dem Transzendenten). Wer jetzt neben die irdischen Machthaber tritt und Gottes Ratschluss verkündet, lenkt die Aufmerksamkeit auf sich und erwirbt Anerkennung – also die Priester und Propheten.

Eine Aufgabe der Kulturgeschichte besteht darin, die Gründe zu erkennen, die die Achsenzeit herbeigeführt haben. In dieser Phase sind die Kulturen und Gesellschaften, die bis heute überlebt haben, entstanden. Dies bedeutet, dass wir Nachfahren von Menschen sind, die vor Tausenden von Jahren Gott entdeckt haben und transzendenzfähig geworden sind. Wir verfügen daher über die dazugehörigen Qualitäten des Glaubens und Denkens, wenn sich viele von uns auch nicht immer daran erinnern und sie gern übersehen.

Wir haben aus den gleichen Gründen die Fähigkeit zum wissenschaftlichen Arbeiten, denn wir sind ebenfalls Nachfahren von Menschen, die vor Hunderten von Jahren für die Geburt der modernen Wissenschaft gesorgt haben, weil sie – zumindest in Europa – mit dem, was die religiösen Institutionen anboten, nicht mehr zufriedengestellt werden konnten. Im frühen 17. Jahrhundert nahmen sich die Pioniere der europäischen Wissenschaft vor, die Mühseligkeit der menschlichen Existenz dadurch zu erleichtern, dass sie ihre Rationalität einsetzten, um durch Experimentieren und Nachdenken Naturgesetze zu finden, die dann in technischen und anderen Anwendungen genutzt werden konnten.

Weil es ihr gelang, dieses Versprechen im 19. Jahrhundert glänzend in die Tat umzusetzen, konnte die Wissenschaft im 19. Jahrhundert die Religion an den Rand der Geschichte drängen und im 20. Jahrhundert die Behauptung wagen, dass es ihre Wahrheit sei, die uns frei macht. Religiöse Menschen haben sich sicher über die wissenschaftlichen Fortschritte gefreut, aber ohne sich durcheinanderbringen zu lassen. Wie der Gelassene erfahren kann: Wer etwas übertreibt, versperrt sich den eigentlichen Weg, den er gehen will. Oder wie es im Buch der Prediger heißt: Alles hat seine Zeit. Wer zu weit vorauseilt, muss nur länger auf die anderen warten. Wissenschaft und Religion gehören zusammen. Sie machen beide unsere Humanität möglich.

Die Kirche hat die Wissenschaft
dauernd behindert

Die Kirche hat die Wissenschaft sicher ab und zu in ihrer Arbeit behindert, aber das haben andere Institutionen auch gemacht – Parteien und Medien zum Beispiel in der jüngsten Geschichte der Bundesrepublik. Manchmal stand sich die Forschung auch selbst im Weg. Unabhängig davon meint man trotzdem zu wissen, dass die christlichen Kirchen das wissenschaftliche Treiben durch die Jahrhunderte behindert haben – im Mittelalter, wenn es um die Erkundung der Himmelssphären ging, in der frühen Neuzeit, als große Figuren wie Leonardo da Vinci oder Andreas Vesalius sich daranmachten, anatomische Studien an Toten vorzunehmen, obwohl der Klerus das doch verboten hatte, und im 19. Jahrhundert, als sich die Geistlichkeit vehement dagegen wehrte, die Geburtsschmerzen werdender Mütter durch die Gabe von Schmerzmitteln zu lindern. Man ist geneigt, das so anzunehmen, und doch stimmt das alles überhaupt nicht.

Im Mittelalter

Was das Mittelalter anbelangt, können wir uns auf das Buch *The Sun in the Church* des Historikers John Heilbron berufen, der geschildert hat, wie man vor der Erfindung des Fernrohrs die in Kathedralen einfallenden Lichtstrahlen und ihre Wanderbewegung über den Boden nutzte, um etwas über den Kosmos zu verstehen. Heilbron eröffnet seine Darstellung mit der folgenden Feststellung:

87

Die römisch katholische Kirche hat mehr als sechs Jahrhunderte lang, von der Wiederentdeckung der alten Schriften im späten Mittelalter bis zum Zeitalter der Aufklärung, das Studium der Astronomie mit umfangreicheren finanziellen und sozialen Mitteln gefördert als irgendeine der anderen Institutionen – und wahrscheinlich übertrifft sie alle zusammen.

In der Tat – die genannte Epoche hat zum Beispiel die Geburt der Universität erlebt, und dies konnte nur mit der tatkräftigen Unterstützung der katholischen Kirche geschehen, die auch die wissenschaftliche Tätigkeit im Einzelnen förderte.

Man mag vielleicht einwenden, dass keineswegs die nötige Freiheit herrschte und zum Beispiel 1210 in Paris verboten wurde, Vorlesungen über die *Physik* des Aristoteles zu halten. Das Verbot gab es in dieser Zeit und an diesem Ort tatsächlich, blieb aber nur sehr begrenzt wirksam. In Oxford etwa kümmerte sich niemand um diesen Kontrollversuch, und 1240 hielt Roger Bacon auch in Paris Vorlesungen über Aristoteles. Von 1255 an gehörte die Kenntnis seiner naturphilosophischen Schriften vielerorts in Europa zu den für einen Studienabschluss notwendigen Anforderungen.

Außerdem lässt sich feststellen, dass bald nach den genannten Jahren das naturwissenschaftliche Denken gerade im Rahmen der Kirche seinen Anfang nahm: Der Dominikaner Dietrich von Freiberg bemühte sich um eine erste Theorie, die den Regenbogen als ein natürliches Phänomen erklären konnte. Der spätere Bischof Nicolaus von Oresme befasste sich mit der Frage, wie man herausfinden und messen konnte, welche Drehungen die Erde ausführt, und der französische Gelehrte Jean Buridan entwarf eine Impetus-Theorie, die

Bewegungen besser erklären sollte als Aristoteles. Bei dem Griechen hörte eine Bewegung dann auf, wenn keine Kraft mehr wirkte, was aber nicht stimmen konnte. Ein Speer oder Stein, der geworfen werden soll, fliegt ja weiter, wenn er vom Werfer losgelassen wird. Buridan schlug vor, diesen Vorgang durch die Annahme zu verstehen, dass der Werfer dem Speer oder Stein einen Impetus – eine Art Kraftnahrung – mit auf den Weg gibt, die nach und nach verzehrt wird. Ein hübscher Gedanke, der sich gehalten hat und diskutiert wurde, bis Newton kam und das Konzept der Trägheit einführte.

Das Öffnen der Körper

1896 erschien in England ein Buch mit dem Titel *A History of the Warfare of Science with Theology in Christendom*. Sein Autor, Andrew D. White, wollte die Hindernisse aufzählen, die der Wissenschaft durch kirchliche Engstirnigkeit in den Weg gelegt worden sind, und als eines seiner Themen hatte der Gelehrte das Sammeln von Kenntnissen über die menschliche Anatomie gewählt. White meinte festgestellt zu haben, dass die mittelalterlichen Vertreter der Geistlichkeit das Öffnen von Leichen bei hoher Strafe untersagt hatten, und seitdem glauben wir, dass die Kirche das Sezieren verboten hat.

Hat sie aber nicht. Die überwiegende Zahl der mittelalterlichen Vertreter der Kirche hat die medizinische Leichenöffnung nicht nur toleriert, sondern sogar gefördert, und zwar aus religiösen Gründen. Man wollte lernen, wie man beispielsweise die Körper der Heiligen einzubalsamieren hatte, um sie besser zu bewahren. Man erhoffte sich Einsichten beim Blick auf die inneren Organe von heiligen Personen, so wie man im 20. Jahrhundert die Gehirne von genialen Menschen nach deren Ableben untersuchte, um organische Spuren der Kreativität zu entdecken. Im 16. Jahrhundert ermutigte die Kirche sogar das Praktizieren des Eingriffs, den wir heute Kaiserschnitt nennen, um auf diese Weise Kinder auf die Welt zu bringen, deren Mütter während der Entbindung starben.

Tatsächlich ist den Historikern kein Fall bekannt, in dem ein Anatom verfolgt worden ist, weil er eine Leiche geöffnet hat, und ebenso wenig sind Fälle dokumentiert, in denen die Kirche die Bitte um eine Sektion abgeschlagen hätte. Andrew White hat uns einen hübschen Bären aufgebunden. Es wird Zeit, ihn loszuwerden.

Anästhetika

Wir machen einen Sprung in das Jahr 1846, als die segensreichen Anästhetika eingeführt wurden, die uns bei operativen Eingriffen unempfindlich gegenüber dem Schmerz machen. Der Edinburgher Arzt James Y. Simpson setzte bereits 1847 ätherische Stoffe ein, um die Qualen zu lindern, die Frauen bei der Geburt eines Kindes durchstehen mussten. Bei dieser Gelegenheit fühlte er sich genötigt, einen Artikel zu verfassen, in dem er »Answers to the Religious Objections« gegen seine Methode gab, was bedeutet, dass es solche religiösen Einwände tatsächlich gegeben haben muss. Doch nur ganz am Anfang. Bereits 1848 wurden aus dieser Richtung keine Beanstandungen mehr erhoben, was Simpson auch erwartete, da er keinen inhärenten Konflikt zwischen Religion und Wissenschaft erkennen konnte. Zwar halten sich Gerüchte, dass es erst Königin Victoria war, die alle Widerstände gegen den Einsatz von Anästhetika beseitigte, als sie 1853 Prinz Leopold unter Verwendung der Schmerzmittel zur Welt brachte. Aber eigentlich gab es schon nach 1848 niemanden mehr, der ein anderes Vorgehen befürwortete.

Das heißt, es gab keine religiösen Argumente mehr gegen Anästhetika, wohl aber wissenschaftlich motivierte Einwände, die ganz allgemein nach dem Sinn von Schmerzen fragten und wenigstens auf die Frage aufmerksam machen wollten, ob nicht doch ein Preis dafür zu zahlen war, dass die Geburt leichter geworden war. Wenn wir der Evolution vertrauen, dann müssen die Schmerzen eine Bedeutung haben. In der Tat, ohne jede Art von Schmerzen wäre unser Erleben ärmer. Aber hier stecken wir schon mitten in einem kulturgeschichtlichen Diskurs, und der muss schließlich nicht auf dem Rücken der Frauen ausgetragen werden, die dafür sorgen, dass die Geschichte überhaupt weitergeht.

Der gesunde Menschenverstand
hilft in der Wissenschaft

Er tut es gerade nicht. Der Hinweis, dass es das Kennzeichen einer wahrhaft wissenschaftlichen Erfahrung ist, dass sie im Widerspruch zur Alltagserfahrung steht, findet sich explizit formuliert bei dem französischen Philosophen Gaston Bachelard, der 1938 seine Untersuchung über *Die Bildung des wissenschaftlichen Geistes* veröffentlicht hat (die erst 1978 auf Deutsch erschienen ist). Im Untertitel verspricht der Autor einen »Beitrag zu einer Psychoanalyse der objektiven Erkenntnis«. Bachelard vertritt darin eine erstaunliche »philosophische These«. Er schreibt: »Der wissenschaftliche Geist muss sich *gegen* die Natur bilden, gegen das, was in uns und außerhalb unserer selbst Anstoß und Weisung der Natur ist, gegen die Vereinnahmung durch die Natur, gegen die bunten und vielgestaltigen Tatsachen. Der wissenschaftliche Geist muss sich bilden, indem er sich umbildet.« Oder kurz und drastisch formuliert: »Eine *wissenschaftliche* Erfahrung ist eine Erfahrung, die der *gewohnten* Erfahrung *widerspricht*.«

In dieser kompromisslosen Formulierung stimmt dieser Satz natürlich nicht, denn wir erleben den uns umgebenden Raum nicht nur als dreidimensional, sondern es stellt sich auch im Rahmen der Physik heraus, dass es tatsächlich nicht mehr und nicht weniger als drei Richtungen im Raum gibt, die unabhängig voneinander existieren. Wir müssen also Bachelards Behauptung abschwächen, indem wir feststellen, dass sich der wissenschaftliche Geist vielfach gegen die Erfahrungen des gesunden Menschenverstands durchsetzen muss, womit wir leicht durchführbare und konkrete mentale Operationen meinen, die als Teil unseres biologischen Erbes im Rahmen der Evolution entstanden sind.

Unsere Intuition versagt zum Beispiel, wenn es ans Teilen oder Multiplizieren geht. Wir stellen uns einen Obsthändler vor, der unter anderem Pfirsiche und Nektarinen zu verkaufen hat. Am frühen Morgen verlangt er entweder für zwei Pfirsiche oder für drei Nektarinen einen Euro. Im Lauf des Tages ärgert ihn diese Aufteilung mehr und mehr, und er beschließt, es einfacher zu machen. Er mischt Pfirsiche und Nektarinen zusammen, und nun kosten fünf Früchte aus dem Haufen zwei Euro. Dabei – so denkt der Händler – wird er ebenso viel verdienen, denn der Durchschnittspreis für eine Frucht ist doch gleich geblieben.

Er irrt sich aber, wie man leicht nachrechnen kann, wenn insgesamt jeweils dreißig Pfirsiche und dreißig Nektarinen zu verkaufen sind. Nach der ersten Preisgestaltung hätte der Obsthändler 15 plus 10 gleich 25 Euro eingenommen. Nach der zweiten Auszeichnung der Ware nimmt er nur noch zwölfmal zwei gleich 24 Euro ein.

Wo steckt sein Denkfehler? Der Händler hat angenommen, ein Stück Obst kostet im Durchschnitt immer 40 Cent. Schließlich – so denkt man ganz intuitiv – kosten fünf Früchte ja genau 2 Euro. Diese Rechnung trifft aber trotzdem nicht zu, denn Pfirsiche kosten 50 Cent das Stück, und Nektarinen etwas mehr als 33 Cent das Stück. Der Durchschnittspreis liegt somit über 40 Cent. Die erste naive Überlegung ist falsch, weil eine Division im Spiel ist, die wir uns gradlinig denken – wir können intuitiv nicht anders –, und beim Teilen kann es leicht zu »krummen« Überraschungen kommen.

Dazu ein weiteres vertrautes Beispiel: Stellen wir uns vor,

wir machen eine Dienstreise von 200 Kilometern Länge – etwa von Köln nach Frankfurt. Auf der Hinfahrt herrscht wenig Verkehr, und wir legen die Strecke in zwei Stunden zurück, schaffen also im Schnitt 100 Kilometer pro Stunde. Beim Heimweg geraten wir in einen Stau, und so dauert die Rückreise zwei Stunden und dreißig Minuten. Unsere mittlere Geschwindigkeit ist also auf 80 Kilometer pro Stunde gesunken. Intuitiv glauben wir nun, für die gesamte Reise eine Durchschnittsgeschwindigkeit von 90 Kilometern pro Stunde erreicht zu haben. Aber dies stimmt wieder nicht, wie sich leicht ausrechnen lässt. Insgesamt sind wir nämlich vier Stunden und dreißig Minuten unterwegs gewesen, und in der Zeit haben wir 400 Kilometer zurückgelegt. Daher betrug unsere mittlere Geschwindigkeit nur etwas mehr als 88 Kilometer pro Stunde. So klein der Unterschied auch ist, wichtig bleibt, dass er überhaupt auftritt.

Einsteins Einsichten

Bleiben wir beim Zusammenzählen. Es scheint uns zum Beispiel ganz selbstverständlich zu sein, dass sich Geschwindigkeiten addieren. Wer in einem Zug, der sich mit 150 Kilometern pro Stunde bewegt, sein Abteil verlässt und sich gemächlich (sagen wir mit einer Geschwindigkeit von einem Kilometer pro Stunde) in Richtung Speisewagen begibt, bewegt sich doch offenbar in Fahrtrichtung mit insgesamt 151 Kilometern pro Stunde und auf dem Rückweg dann mit 149 Kilometern pro Stunde. Das stimmt – natürlich! – wieder nicht.

In diesem Fall lässt sich der intuitive Irrtum allerdings nicht durch eine einfache Rechnung erklären, sondern wir müssen auf eine physikalische Theorie zurückgreifen und uns darauf verlassen, dass sie die Wirklichkeit richtig beschreibt. Es geht hier um die Theorie der Relativität von Albert Einstein. Wir brauchen keine Details zu kennen, um zu verstehen, wie sehr die durch sie gegebene wissenschaftliche Deutung der Welt unserer Alltagserfahrung und damit dem gesunden Menschenverstand widerspricht.

An den Anfang seiner Überlegungen stellt Einstein die Annahme, dass die Geschwindigkeit des Lichts konstant ist. Das besagt, dass sich das Licht in alle Richtungen gleich schnell ausbreitet und die Lichtgeschwindigkeit nicht von anderen Bewegungen beeinflusst wird. Ob ich den erwähnten Zug in Fahrtrichtung oder dagegen durchstreife, breitet sich das Licht, das zum Beispiel von meiner Nasenspitze reflektiert wird, immer gleich schnell aus. Für die Lichtgeschwindigkeit c gilt also nicht mehr unsere naive Annahme, dass sich Geschwindigkeiten addieren. Was immer ich zu c hinzufüge, es ändert nichts. Offenbar ist die Lichtgeschwindigkeit eine obere Schranke. Kein Objekt kann sich schneller als mit c bewegen. Dieser Befund ist durch viele eindrucksvolle physikalische Experimente bestätigt worden, und es gibt keinen vernünftig begründeten Zweifel mehr daran, dass er die physikalische Wirklichkeit richtig erfasst. Trotzdem bleibt dem gesunden Menschenverstand unzugänglich, dass es solch eine Grenze geben soll.

Einsteins Theorie beleidigt den gesunden Menschenverstand vielfach – etwa durch Räume, die von Materie gekrümmt werden –, wobei zu vermuten ist, dass hier der Grund dafür liegt, dass die Relativitätstheorie bis heute viele hartnäckige und zum Teil aggressive Gegner hat. Dabei ist sie nicht die einzige physikalische Theorie, die unserer Intuition widerspricht. Im Gegenteil! Sogar der Stolz der klassischen Physik, die Mechanik Newtons, beschreibt die Bewegungen alltäglicher Körper anders, als wir sie uns gemeinhin denken. Die dabei genommenen Irrwege unserer Intuition wurden in psychologischen Untersuchungen nachgewiesen, in denen amerikanische Collegestudenten befragt wurden, die bereits über physikalische Grundkenntnisse verfügten und Newtons Theorie der Mechanik (mathematisch) kannten.

Der zentrale Begriff bei Newton heißt Trägheit. Damit ist die Tendenz (das Bestreben, die Eigenschaft) eines physikalischen Gegenstands gemeint, seinen gegebenen Bewegungszustand beizubehalten. Ein Objekt ändert seine Bewegung nur, wenn eine äußere Kraft dies verursacht. Sonst sorgt seine Trägheit dafür, dass er sich gleichförmig weiterbewegt.

Entdeckt wurde diese besondere Eigenschaft der Materie bereits von Galileo Galilei, der auch erkannte, dass es die Masse eines Gegenstands ist, die das Maß für seine Trägheit angibt. Die träge Masse legt den Widerstand fest, den ein Objekt jener Kraft entgegensetzt, die an der Bewegung etwas ändern will. So einfach sich das heute anhört, so schwer war es doch seinerzeit, diese Einsicht überhaupt zu formulieren. Dieser Deutung der Bewegung nämlich stand von alters her die höchste Autorität verkörpernde Auffassung von Aristoteles gegenüber, der zufolge sich ein Körper nur bewegt, wenn eine Kraft auf ihn wirkt. Jede Ortsveränderung braucht eine Kraft als Ursache. Ohne deren Wirkung ist nur die Ruhe möglich, wie man deutlich an einem Ball sieht, der liegen bleibt, solange niemand gegen ihn tritt.

Die Physik des Aristoteles ist einmal als die »Physik des gesunden Menschenverstands« vorgestellt worden. Doch das ist sie nicht. Eine solche intuitive Physik steckt erst in der Analyse der Bewegung, wie sie im Mittelalter vorgenommen wurde. Bei Aristoteles müsste man eher von einer »Physik des unmittelbaren Sinneseindrucks« reden, denn der vor allem hat es ihm angetan. Aristoteles hat nämlich in erster Linie auf die Empirie (die Erfahrungen) Wert gelegt. Seine berühmte und heute oft hochnäsig belächelte Behauptung, dass schwere Körper schneller fallen als leichte Objekte, entstammt ja gerade der unmittelbaren Beobachtung. Man sieht doch mit eigenen Augen, dass ein Stein eher auf dem Boden aufschlägt als ein Blatt Papier zum Beispiel.

Es hat mehrere Jahrhunderte gedauert, bis diese »Physik der Sinneswahrnehmung« überwunden werden konnte. Doch ganz vertrieben haben wir sie trotz aller historischen Fortschritte bis heute nicht. Dies zeigen die psychologischen Versuche, auf die bereits hingewiesen wurde und auf die nun näher eingegangen werden soll. In diesen Untersuchungen wurden Collegestudenten gebeten, den Weg zu beschreiben, den zum Beispiel ein Ball zurücklegt, den man in der Hand hält und fallen lässt, während man mit ihm läuft.

Newton zufolge sorgt das Zusammenwirken von Schwerkraft und Trägheit dafür, dass ein Ball, der im Laufen fallen gelassen wird, eine Parabel nach vorn beschreibt. (Der Luftwiderstand wird dabei nicht berücksichtigt.) 49 Prozent der Studenten gaben diese korrekte Antwort der Mechanik Newtons. 45 Prozent meinten, der Ball falle senkrecht nach unten, und 6 Prozent glaubten sogar, der Ball komme weiter hinten zu liegen. Aus dieser Beobachtung unserer Psyche können wir nicht nur lernen, dass Newtons Konzeption der Bewegung gegen unseren gesunden Menschenverstand vorgenommen werden musste, wir können auch lernen, dass unsere Intuition unbelehrbar ist. Selbst wenn wir die Gleichungen der Physik auswendig wissen und lösen können, ganz begreifen können wir sie nicht. Unsere Natur will davon einfach nichts wissen. Wir ahnen an dieser Stelle, wie unendlich schwer es für unsere Seele werden muss, die Relativitätstheorie anzunehmen.

Dass das oben beschriebene Ergebnis kein Artefakt der Versuchssituation war, konnte dadurch demonstriert werden, dass man anderen Studenten einen Ball in die Hand gab und sie anschließend bat, mit ihm loszulaufen und so fallen zu lassen, dass er ein auf dem Boden liegendes Ziel traf. Wieder ließen die meisten den Ball erst in dem Moment los, als er sich über dem Ziel befand – wodurch er dieses dann natürlich verpasste –, und ab und zu liefen einige Probanden sogar erst über das Ziel hinaus, bevor sie den Ball losließen – wohl weil sie vermuteten, dass er sich anschließend nach hinten bewegte.

Jeder Leser kann an sich selbst testen, wie sein intuitives Verstehen von Bewegungen sich zu der Mechanik Newtons verhält, wenn er sich überlegt, wohin er einen Ball richten muss, den er im Laufen hochwerfen und wieder auffangen will. Zunächst denken die meisten Menschen intuitiv daran, den Ball nach vorn zu werfen (und nicht einfach senkrecht nach oben, wie es richtig wäre). Wenn sie dies tun, werden sie einen kräftigen Zwischenspurt einlegen müssen, um den Ball zu erwischen. Hier ist noch eine etwas schwierigere Aufgabe zur Selbstanalyse: Stellen Sie sich vor, Sie stehen in einem Garten und sehen, wie sich ein Apfel von seinem Ast löst. Sie haben zufällig eine faule Birne in der Hand, und auf einmal reizt Sie der Versuch, das Fallobst zu treffen. Dabei stellt sich die Frage, wohin Sie zielen müssen: auf die Position, die der Apfel im Augenblick des Abwurfs einnimmt, oder auf die Position, die der Apfel dann erreicht, wenn Ihr Geschoss seine Flugbahn kreuzt? Intuitiv entscheiden sich die meisten Menschen für die zweite Möglichkeit – und haben dabei die Mechanik Newtons vergessen. Auch die faule Birne, die Sie werfen, macht nämlich die Fallbewegung mit. Sie zielen einfach auf den Apfel, wie und wo Sie ihn jetzt sehen, und nicht dorthin, wo sie ihn später erwarten. So einfach kann manchmal auch das Schwierige sein.

Eine innere Kraft

Die psychologischen Untersuchungen machten bei den Angaben über die Bewegung allein aber nicht halt. Wer die Irrwege der Intuition erkunden will, interessiert sich natürlich auch dafür, mit welchen Begründungen die Studenten falsche Antworten gaben. Dabei zeigte sich deutlich, wie der gesunde Menschenverstand unserer wissenschaftlich geschulten Vernunft in die Parade fährt. Wer eine Bewegung diskutieren will, benutzt dazu am besten den Begriff des Impulses, der auch bei Newton die entscheidende Rolle spielt. Dieses Produkt aus der Masse eines Körpers und seiner Geschwindigkeit ist es eigentlich, das infolge der Trägheit unverändert bleibt, solange keine Kraft wirkt. Die Studenten hatten nun in ihrem Physikunterricht den Begriff »Impuls« kennen gelernt, und folglich verwendeten sie ihn bei der Begründung ihrer Antworten. Als der Experimentator sie anschließend fragte, was genau ein Impuls ist, erhielt er zum Beispiel die typische Antwort: »Es ist etwas, das ein Objekt weiterträgt, wenn die auf es wirkende Kraft aufgehört hat. Man könnte es die Bewegungskraft nennen. Es ist etwas, das den Körper in Bewegung hält.«

Dieser Student sprach zwar von einem Impuls, er meinte aber etwas anderes. Er dachte an eine innere Kraft, die zum Beispiel ein Leichtathlet einem Speer oder einem Diskus verleiht oder aufprägt und die das Geschoss in die Lage versetzt, weiter in die vom Werfer anvisierte Richtung zu fliegen. Mit anderen Worten, er dachte an einen Bewegungsantrieb, einen inneren Trieb – und dafür gibt es seit dem Mittelalter den Namen Impetus. Damals gab es sogar eine Impetus-Theorie, die als Kritik an der Erklärung entstanden war, die Aristoteles den Bewegungen gegeben hatte. Man meinte, dass seine Behauptung, ein Gegenstand könne sich nur dann bewegen, wenn eine äußere Kraft auf ihn einwirke, missverstanden worden sei. Wie war es denn in diesem Fall überhaupt möglich, einen Stein in die Luft zu schleudern? Er fliegt doch weiter, wenn er meine Hand verlassen hat und meine Kraft ihn gar nicht mehr erreicht und lenken kann?

Die Impetus-Theorie überwand diese Probleme, indem sie den inneren Antrieb erfand, den der Werfer seinem Speer verleiht, eben den Impetus. Diese Theorie ist die Physik des gesunden Menschenverstands. Ihre Vertreter beschrieben die Bewegung eines geschleuderten Speers sehr anschaulich: Erst nimmt der Speer durch den Werfer den Impetus auf, dadurch kann er sein Gewicht überwinden. Im Verlauf der Bewegung entweicht der innere Trieb, er wird durch äußere Widerstände (Luft) aufgezehrt. Wenn der Impetus völlig verbraucht ist, stürzt der Speer zu Boden.

Offen bleibt, warum diese Impetus-Vorstellungen von einer inneren Kraft intuitiv so überzeugend sind. Sie müssen wohl biologisch und psychologisch zu verstehen sein.

Rückkopplungen

Die ungeeignete Rolle des gesunden Menschenverstands hat ihre Konsequenzen. Eine besteht darin, dass es schwierig ist, die Ergebnisse der naturwissenschaftlichen Forschung zu verstehen. Man muss sich gegen sich selbst wenden und immer dann, wenn einem ein Gedanke direkt und mühelos einleuchtet, skeptisch werden.

Wir können zudem nicht mit Rückkopplungen umgehen, und dies hat zur Folge, dass wir offenbar unfähig sind, die Konsequenzen unserer Handlungen zu verstehen. Im Verlauf der Evolution machte das Gehirn des Menschen die Erfahrung, dass das, was ein Einzelner tat, keine unerwartete Rückwirkung auf sein Leben hatte. Was man wegwarf, kam nicht mehr vor. Jeder konnte gradlinig vorwärtsgehen und annehmen, von dem, was er unternommen hatte, nicht mehr eingeholt zu werden. Es existierten nur wenige Menschen, und die Natur war offen und aufnahmebereit. Es gab keine Rückmeldung. Heute aber gibt es viele Menschen, und die Natur schlägt zurück, sie zwingt uns, diese bislang übersehene Rückkopplung unseres Handelns zur Kenntnis zu nehmen. Wir müssen unsere Vernetzung mit der Welt besser zur Kenntnis nehmen als die Newton'schen Gesetze, die uns schwerfallen, obwohl sie einfach sind. Das heißt, wir müssen dies nur tun, wenn wir an dem alten Ziel festhalten, möglichst vielen Menschen ein möglichst schmerzfreies Leben ohne materielle Not und Hunger – ein würdiges Leben – zu ermöglichen. Wenn wir dieses Ziel beibehalten, dann gibt es nur einen Weg, ihm nahe zu kommen, nämlich den wissenschaftlich-technischen. Wir können weder nichts tun, noch uns auf den gesunden Menschenverstand verlassen. Wir haben nur die Möglichkeiten, die die Wissenschaft uns bietet.

METHODISCHES

Die Wissenschaft funktioniert logisch

Logik der Forschung – so heißt das berühmte Werk des Philosophen der Wissenschaft Karl Popper, das im Herbst 1934 bei Julius Springer in Wien herauskam (mit der Jahresangabe 1935). Der Untertitel verweist darauf, dass das Buch Beiträge »Zur Erkenntnistheorie der modernen Naturwissenschaft« bietet, die dann 1959 auch auf Englisch erschienen, allerdings mit dem bestimmten Artikel – »The Logic of Scientific Discovery«.

In seinem viel zitierten Buch stellt Popper zunächst fest, »die Tätigkeit des wissenschaftlichen Forschers besteht darin, Sätze oder Systeme von Sätzen aufzustellen und systematisch zu überprüfen«. Dabei spielen in den Erfahrungswissenschaften – Philosophen nennen sie auch empirische Wissenschaften – vor allem Hypothesen eine Rolle, die es durch Experimente oder andere Beobachtungen zu prüfen gilt. Mit ihnen taucht ein Problem auf, das die Philosophen seit Jahrhunderten geplagt hat. Denn in einem Experiment macht der Forscher eine *einzelne* Beobachtung, die er in einem *besonderen* Satz formulieren kann, zum Beispiel: »Ein Stück Kupferdraht wird länger, wenn es wärmer wird.« Was ihn aber interessiert, ist eine *allgemeine* Formulierung, die *umfassend* gilt, zum Beispiel: »Materie dehnt sich bei steigender Temperatur aus.« Die Aufgabe, die sich in diesem Zusammenhang stellt – die Experten sprechen vom »Problem der Induktion« –, besteht in der Klärung der Frage, unter welchen Umständen sich ein solcher Schluss von einem Einzelteil auf das Ganze als falsch erweisen kann.

Schwarze Schwäne und weiße Raben

Popper macht dies an einem berühmt gewordenen Beispiel klar (wobei die weißen Schwäne an einer anderen Stelle im Buch durch schwarze Raben ersetzt werden): »Bekanntlich berechtigen uns noch so viele Beobachtungen von weißen Schwänen nicht zu dem Satz, dass *alle* Schwäne weiß sind«, und tatsächlich sind inzwischen längst schwarze Schwäne gesichtet worden – zuerst in Australien und später an vielen anderen Orten.

Um die Logik der Forschung zu retten – denn vor allem auf die Logik kommt es an –, macht Popper einen zugleich wirksamen und eleganten Vorschlag, der sich als »Falsifizierung« oder »Falsifizierbarkeit« durchgesetzt hat. Popper stellt sich vor, dass die wissenschaftliche Arbeit mit einer Hypothese beginnt, die in einem Experiment (oder durch Beobachtungen) überprüfbar ist. (Übrigens: Wenn dieses Kriterium nicht erfüllt ist, kann man – Popper zufolge – nicht von Wissenschaftlichkeit reden.) Der zu diesem Zweck durchgeführte Versuch kann nun entweder die Hypothese als richtig oder als falsch erweisen. Im ersten (bestätigenden) Fall spricht Popper von der Verifizierung, im zweiten (zurückweisenden) Fall von der Falsifizierung der Hypothese. Damit kann er folgende wichtige Unterscheidung treffen, mit der die eigentliche Logik der Forschung formuliert wird: Wenn eine Hypothese verifiziert wird, dann hat die Wissenschaft – so seltsam dies klingt – nicht viel (oder eher gar nichts) gewonnen, denn sie bleibt bei der Kenntnis stehen, die sie vor dem Experiment hatte. Wenn aber eine Hypothese falsifiziert wird, dann hat die Wissenschaft die Chance, etwas zu gewinnen und Fortschritte zu machen. Sie hat nämlich jetzt die Möglichkeit, eine neue Hypothese aufzustellen, und sie kann versuchen, diese doch wohl bessere Vermutung durch Beobachtungen zu prüfen.

Das ist die Logik der Forschung, sagt Popper, sie beginnt mit prüfbaren Hypothesen und bemüht sich um deren Falsifizierung. Dabei wird das Wissen zwar besser, bleibt aber hypothetisch, denn es könnte ja immer noch eine Beobachtung gemacht werden, die mit der Ausgangsvermutung nicht vereinbar ist, was Wissenschaftler bescheiden bleiben und sie nicht von der Wahrheit sprechen lässt.

Viele Forscher haben fest an Poppers Logik geglaubt und entschlossen danach gehandelt, wenn man ihren Worten Glauben schenken darf. Der Nobelpreisträger John Eccles zum Beispiel hat sich in den 1940er und 1950er Jahren um die Frage bemüht, ob die Übertragung von Nervensignalen im Gehirn chemisch oder elektrisch abläuft, und lange keine zufriedenstellende Antwort gefunden. Im Verlauf seiner Arbeit hat er dann Poppers Buch kennen gelernt und sich dankbar über den Gedanken des Philosophen geäußert, denn »von Popper lernte ich, was für mich das Wesen wissenschaftlicher Forschung ausmacht – dass man bei der Entwicklung von Hypothesen spekulativ und phantasievoll vorgehen kann, um sie anschließend mit größtmöglicher Strenge zu überprüfen, indem man alle vorhandenen Kenntnisse zu Rate zieht und beim experimentellen Text möglichst gründlich verfährt. Er lehrte mich sogar, mich über die Widerlegung einer lieb gewonnenen Hypothese zu freuen, weil auch das ein wissenschaftlicher Fortschritt sei und weil sich aus der Widerlegung viel lernen lasse.«

Auf den ersten Blick wirkt Poppers Logik der Falsifizierung tatsächlich überzeugend, und es scheint völlig klar, dass große Teile der normalen Wissenschaft, die sich in Diplom- oder Doktorarbeiten und in Fachpublikationen niederschlägt, nach diesem Schema verstanden werden kann. Ein Biochemiker stellt etwa die Hypothese auf, dass die Energie, die eine Zelle für ihren Stoffwechsel braucht, durch Zuckermoleküle geliefert wird. Oder ein Genetiker geht von der Annahme aus, dass die biologische Information, die von Organismen vererbt wird, in Form von Nukleinsäuren gespeichert ist. Beide werden aufgefordert – und hier liegt die konkrete und schwierige Aufgabe von Doktoranden und Diplomanden –, sich Experimente auszudenken, mit denen die Vermutungen überprüft werden können. Und wenn dann die erste Hypothese falsifiziert und die zweite verifiziert ist, kann man seinen Bericht abgeben und möglicherweise veröffentlichen.

Die Prüfung durch die Praxis

Weil dies so überzeugend klingt, findet Poppers Idee der Falsifizierung nach wie vor sehr viele Anhänger. Doch funktioniert Wissenschaft in der Praxis wirklich so, wie sich das die Theoretiker vorstellen? Gehen real existierende Forscher wirklich so vor?

Die Wissenschaftshistoriker müssen an dieser Stelle entschieden mit einem deutlichen Nein antworten. Und zwar allein deshalb, weil sie selten einen Forscher finden, der seine Theorie verwirft, nur weil bei einem Experiment ein unerwartetes Ergebnis herausgekommen ist. Eher schützt er seine Ideen mit der Annahme, bei dem gerade durchgeführten Versuch sei praktisch etwas schiefgelaufen – so wie bei einem komplizierten Kochrezept die Soße verklumpen kann, ohne dass damit das Rezept widerlegt ist. Beispiele dafür kennt man inzwischen in großer Zahl. Als der noch junge und unbekannte Albert Einstein 1911 von dem französischen Experimentator Jean Perrin, der später den Nobelpreis bekommen sollte, einen Brief mit dem Hinweis erhielt, dass an seiner Theorie – der Einstein'schen Theorie der Brown'schen Molekularbewegung – etwas nicht stimmen könne, da die Messungen etwas anderes zeigten, antwortete der Angeschriebene am 21. Januar 1911 aus Zürich, dass er zwar früher einmal eine Korrektur vorgenommen habe, doch nun sei es »so gut wie sicher, dass in der Theorie ein weiterer Fehler nicht vorhanden ist, so dass ich es für wahrscheinlich halten muss, dass auf der Seite des Experiments ein Fehler steckt«, was dann bald auch festgestellt wurde.

Ein anderes Bespiel: Als der amerikanische Nobelpreisträger Robert Millikan versuchte, die Größe der Elementarladung zu bestimmen, mit der ein Elektron ausgestattet ist – und er tat dies mithilfe seines inzwischen berühmten Versuchs, bei dem elektrisierte Öltröpfchen zwischen zwei geladenen Platten in der Schwebe gehalten werden –, hat er keineswegs allen Messungen die gleiche Aufmerksamkeit geschenkt und letztlich nur Ergebnisse publiziert, die ihm passten und seiner Vorstellung entsprachen.

Schwierige Hypothesen

Natürlich könnte man einwenden, Millikan habe bei seinen Experimenten gepfuscht, aber dann hat man noch nicht erklärt, wieso er uns dabei ein richtiges Ergebnis »vorlügen« konnte. Woher wusste er überhaupt, dass es eine Elementarladung gibt? Was das Mogeln insgesamt angeht, so haben auch Größere als Millikan ihre Daten ein wenig geschönt. Johannes Kepler zum Beispiel hat seine Planetengesetze offenbar gekannt, bevor er sie schließlich am Himmel nach geeigneter Korrektur seiner Messungen fand. Gregor Mendel scheint seine Gesetze der Vererbung zumindest geahnt zu haben, bevor die dazugehörenden Erbsen gekreuzt und ganz in seinem Sinn gezählt waren. Und als Sir Arthur Eddington 1919 verkündete, seine Messungen von Sternpositionen hätten gezeigt, dass Einsteins damals neue Vorstellungen von Raum und Zeit die kosmische Wirklichkeit genauer erfassen konnten, als es die alten von Isaac Newton taten, da hat er seinen Zuhörern Märchen erzählt. Die Daten erbrachten nicht einmal annähernd das, was Eddington behauptete, wobei man sich nicht nur über seine Impertinenz ärgern kann – immerhin stieg Eddington mit seiner Behauptung zu Weltruhm auf. Es stellt sich auch die Frage, woher er wusste, dass Einsteins Ideen zutreffend waren.

Darüber nachgedacht und dabei Poppers Logik entschieden verworfen hat der aus Wien stammende Theoretische Physiker Wolfgang Pauli. »Ich hoffe«, so hat er sehr deutlich in seinem 1957 erschienenen Aufsatz »Phänomen und physikalische Realität« geschrieben, »dass niemand mehr der Meinung ist, dass Theorien durch zwingende logische Schlüsse aus Protokollbüchern abgeleitet werden, eine Ansicht, die in meinen Studententagen noch sehr in Mode war.«

Allein durch seine Formulierung drückt Pauli aus, wie naiv und überholt er Poppers Schema einschätzt. Er hält überhaupt nicht viel von der sauberen Einteilung beziehungsweise Zweiteilung in Idee und Experiment, da das beobachtete Phänomen zumeist komplex ist und »seine Beschreibung schon eine Menge von früher gewonnenen theoretischen Kenntnissen und apparativen Erfahrungen verarbeitet«. Pauli betont nachdrücklich, dass diese Verwobenheit »im Alltagsleben des Physikers das Zweckmäßige [ist] und keineswegs das Isolieren von Perzeptionsdaten«, selbst wenn sie mithilfe noch so raffinierter Messtechniken gewonnen worden sind.

Was für einen Physiker gilt, trifft erst recht für Chemiker und Biologen zu. Wie wenig Poppers Schema tatsächlich mit der Wirklichkeit der Forschung zu tun hat, zeigt sich nämlich, wenn man gebeten wird, eine konkrete und spezifische Hypothese zu formulieren, die sich in einem einzigen (möglichst einfachen) Experiment falsifizieren oder verifizieren lässt. Dabei soll von banalen Vermutungen abgesehen werden, womit Hypothesen der Art »Auf dem Grund von schottischen Seen wohnt das Loch-Ness-Monster« oder »Die Samenflüssigkeit von schwarzen Männern ist schwarz« gemeint sind (wobei der letzte Satz in der Antike erst von Aristoteles als falsch erkannt wurde). In Poppers Logik der Forschung zählen sie zu den wissenschaftlichen Hypothesen – weil sie falsifizierbar sind –, aber sie fallen deshalb aus dem erwarteten Rahmen, weil sie kein Konzept mit gedanklicher Tiefe aufweisen. Wenn aber verlangt wird, dass eine akzeptable und untersuchungswürdige Hypothese einen theoretischen (theoriefähigen) Begriff enthält, bleibt Poppers Schema stecken. Denn wie soll man in einem einzigen Experiment Behauptungen testen wie »Es gibt Gene für aggressives Verhalten«, »Materie ist aus Atomen aufgebaut«, »Die Lichtgeschwindigkeit ist konstant« oder »Würmer haben kein Bewusstsein«?

Eine Logik der Forschung erklärt dies alles nicht, vor allem nicht, woher das wichtigste Ausgangselement ihres Verfahrens kommt: die Hypothese. Wie kommt jemand wie Pythagoras auf die Idee, dass es Naturgesetze (Harmonien) gibt, die sich mit Zahlen erfassen lassen? Wie kann jemand wie Kopernikus behaupten, dass die Erde sich dreht und die Sonne stillsteht (obwohl unsere Sinne uns etwas ganz anderes melden und unsere Sprache die Sonne immer noch untergehen und also nicht ruhen lässt)? Wie kommt es jemandem wie Lavoisier in den Sinn, dass Luft aus verschiedenen Teilen besteht, die wir doch als Einheit sehen und atmen? Wie kann jemandem wie Einstein einfallen, dass die Geometrie des Raums nicht gradlinig, sondern gekrümmt ist, und zwar in Abhängigkeit von der anwesenden Materie?

Der Blick auf das Kreative

Wer den Blick von der normalen Wissenschaft mit all ihren wichtigen und erstrebenswerten Qualitäten wie Sorgfalt der Vorbereitung, Präzision der Messung, Genauigkeit der Protokolle, Reproduzierbarkeit der Experimente und Klarheit der Fragestellung weglenkt und nach dem eigentlichen Fortschritt in der Wissenschaft fragt, den die Historiker kreativen Individuen wie Einstein, Kepler, Newton und vielen anderen zuschreiben, der wird eine andere Antwort auf die Frage nach »Logik der Forschung« finden. Er wird entdecken, dass es diese rationale Treppe gar nicht gibt, die man stufenweise zu dem theoretischen Gebäude der Wissenschaft gehen könnte, mit dem das Ziel der Bemühungen gekennzeichnet ist. Wenn aber diese inzwischen vertraut wirkende Konstruktion abgeschafft wird, was kann man dann an ihre Stelle setzen?

Pauli machte hierfür in den 1950er Jahren einen wunderbaren Vorschlag, der leider viel zu wenig Beachtung gefunden hat. Die Charakterisierung »wunderbar« hat dabei damit zu tun, dass Pauli nicht nur »den Vorgang des Verstehens der Natur« im Auge hatte, als er versuchte, den Zusammenhang zwischen »Theorie und Experiment« zu erläutern, wie ein kurzer Text aus dem Jahr 1952 überschrieben ist. Pauli geht es auch um »die Beglückung, die der Mensch beim Verstehen, das heißt beim Bewusstwerden einer neuen Erkenntnis empfindet«, also um ein Gefühl der Zufriedenheit, das den forschenden und sein Wissen vermehrenden Menschen aus seinem Inneren zuströmt. Aus diesem Grund schlug er »in Anlehnung an die Philosophie Platons« vor, das wissenschaftliche Erkennen der Natur

> als eine Entsprechung, das heißt als ein zur Deckung Kommen von präexistenten inneren Bildern der menschlichen Psyche mit äußeren Objekten und ihrem Verhalten zu interpretieren. Die Brücke zwischen den Sinneswahrnehmungen auf der einen und den Begriffen auf der anderen Seite, die von der reinen Logik nicht konstruiert werden kann, beruht nach dieser Auffassung auf einer unserer Willkür entzogenen kosmischen Ordnung, die von der Welt der Erscheinungen verschieden ist und sowohl Psyche als auch Physis, sowohl Subjekt als auch Objekt umfasst.

Fünf Jahre nach dieser Formulierung gab Pauli eine zweite Version dieser Erkenntnistheorie, die sich dem schwierigen und von den meisten Philosophen ausgeklammerten Problem stellt, das man sich als Verbindungsglied zwischen den Außen- und Innenansichten vorstellen kann. In seiner zweiten Darstellung verzichtete Pauli auf den für viele nicht leicht nachvollziehbaren Ausdruck der »kosmischen Ordnung« und gab stattdessen eine andere Beschreibung der gesuchten Brücke, wobei man den Eindruck hat, dass er sich darum in einer neutralen Sprache bemüht:

> Theorien kommen zustande durch ein vom empirischen Material inspiriertes *Verstehen*, welches am besten im Anschluss an *Plato* als zur Deckung kommen von inneren Bildern und äußeren Objekten und ihrem Verhalten

zu deuten ist. Die Möglichkeit des Verstehens zeigt aufs Neue das Vorhandensein regulierender typischer Anordnungen, denen sowohl das Innen wie das Außen des Menschen unterworfen sind.

Entscheidend ist, dass Pauli eine wissenschaftliche Erkenntnistheorie aufzustellen versucht, die sich nicht nur auf historische Beispiele und deren Analysen stützt, sondern die auch die Einsichten der modernen Psychologie berücksichtigt. Denn sie

hat den Nachweis erbracht, dass jedes Verstehen ein langwieriger Prozess ist, der lange vor der rationalen Formulierbarkeit des Bewusstseinsinhaltes durch Prozesse im Unbewussten eingeleitet wird: auf der vorbewussten Stufe der Erkenntnis sind an Stelle von klaren Begriffen Bilder mit starkem emotionalem Gehalt vorhanden, die nicht gedacht, sondern gleichsam malend geschaut werden. Die gesuchte Brücke zwischen Sinnesempfindungen und Ideen oder Begriffen scheint durch anordnende Operatoren oder Faktoren (die ich … nicht als ›rational‹ bezeichnen möchte) bedingt zu sein, von denen auch diese vorbegriffliche Schicht der symbolischen Bilder beherrscht wird.

Im Hintergrund

Es geht also um präexistente innere Bilder und um unanschauliche Ordnungsfaktoren, und für beide ist im Lauf der europäischen Geistesgeschichte der Begriff »Archetypus« verwendet worden. Johannes Kepler hat diesem Ausdruck bereits im 17. Jahrhundert die erste Fassung gegeben, und C. G. Jung hat im 20. Jahrhundert eine zweite Form vorgeschlagen und verwendet. Pauli war dieses Konzept sehr sympathisch. Er versuchte deshalb schon in einer Schrift mit dem Titel *Hintergrundsphysik* »physikalische Begriffe als archetypische Symbole« zu verstehen, wobei er für sich festlegte, Archetypen als wirksame Bilder zu verstehen, die außerhalb des Bewusstseins vorhanden sind und sich mit der Zeit wandeln können. Archetypen sind für Pauli also nicht unveränderliche Gegebenheiten, vielmehr entwickeln sie sich relativ zum Standpunkt des Bewusstseins:

> Die Rückwirkung des Bewusstseins auf die Bilder des Unbewussten, welche von der umgekehrten Wirkung der Bilder auf das Bewusstsein im Sinne einer »Komplementarität« nicht zu trennen sein dürfte, scheint mir gerade das Wesen (...) der Entwicklung der menschlichen Erkenntnis auszumachen.

Das Wechselspiel zwischen dem Bewussten und dem Unbewussten scheint Pauli grundsätzlich geeignet, um besser als durch eine »Logik der Forschung« festzulegen, worin »eine wissenschaftliche Methode« besteht, nämlich darin, »eine Sache immer wieder vorzunehmen, über den Gegenstand nachzudenken, sie dann wieder beiseitezulegen, dann neues empirisches Material zu sammeln, und dies, wenn nötig, durch viele Jahre fortzusetzen. Auf diese Weise wird das Unbewusste durch das Bewusstsein angekurbelt und, wenn überhaupt, kann nur so etwas dabei herauskommen. Ich glaube, dass man Wissenschaft nicht *nebenbei* betreiben kann.«

»In der Logik kann es nie Überraschungen geben«

In mancher Hinsicht ist die Wissenschaft im 20. Jahrundert ziemlich vertrackt geworden. In vielen Bereichen kann man inzwischen weder bestimmen noch entscheiden und erst recht nicht mehr vorhersagen, wie die Wirklichkeit sich entwickelt. Das Unsagbare zeigt sich immer mehr, wie der Dichter Rainer Maria Rilke einmal geschrieben hat, und es wird zu einer wissenschaftlichen Herausforderung, die sich zum Beispiel in der Form von Unbestimmtheit, Unsicherheit, Unvorhersagbarkeit und Unentscheidbarkeit zu erkennen gibt. Der zuletzt genannte Gedanke entstammt dabei überraschenderweise der Mathematik, und aufgekommen ist er zu Anfang der 1930er Jahre durch den Wiener Logiker Kurt Gödel. Seine Idee wurde dann im Zweiten Weltkrieg durch die Entdeckung der Unlösbarkeit von Berechnungsaufgaben höchst praktisch und alltagsrelevant konkretisiert, wobei diese Erweiterung vor allem mit dem Namen des englischen Mathematikers Alan Turing verbunden ist.

Gödel konnte in einer Arbeit aus dem Jahr 1931 mit dem Titel »Über formal unentscheidbare Sätze der Principia Mathematica und verwandter Systeme« zeigen, dass der von David Hilbert 1900 geäußerte Traum von der analytischen Lösbarkeit aller mathematischen Fragen unerfüllbar bleibt. Wir können wissen, und wir werden wissen, hatte optimistisch Hilbert ausgerufen, aber er wurde durch Gödel widerlegt. In einem logischen System, das auf einer Reihe von Festsetzungen (Axiomen) beruht, lassen sich – so zeigte der »Herr

Warum«, wie Gödel als Junge genannt wurde – Sätze formulieren und Behauptungen aufstellen, die innerhalb des gegebenen Rahmens weder bewiesen noch widerlegt werden können. Sie bleiben schlicht und einfach unentscheidbar (was sich auch positiv wenden lässt, indem man sagt, sie erlauben eine offene Entscheidung und machen selbst Freiheit möglich, wo man sie weder sucht noch erwartet).

Im Anschluss an diesen Beweis konstruierte Turing gedanklich erst eine Maschine, die Rechenschritt für Rechenschritt konkret gestellte Aufgaben lösen konnte, und dann bewies er, dass sich nicht entscheiden lässt, ob diese Maschine jemals an ein Ende kommt und mit dem gestellten Problem (dem sogenannten Halteproblem) fertigwird.

Als konkretes Beispiel für den Satz von Gödel lässt sich heute die Frage anführen, ob es nur ein paar oder unendlich viele Formen von Unendlichkeit gibt. Bekannt sind zwei Formen, die als »abzählbar« und »überabzählbar« unterschieden werden. Im ersten Fall sind vor allem die natürlichen Zahlen gemeint, mit deren Hilfe man ins Unendliche schreiten kann. Im zweiten Fall kann man an all die anderen Zahlen denken, zu denen auch die als irrational bezeichneten gehören, wobei wir die »Wurzel aus 2« ($\sqrt{2}$) als Beispiel anführen. Der Mathematiker Georg Cantor hat im 19. Jahrhundert durch ein raffiniertes (konstruktives) Abzählverfahren zeigen können, dass es mehr irrationale als natürliche Zahlen gibt, was dem gesunden Menschenverstand, der sonst wenig mit unendlich zu tun hat, sogar einleuchtet. Doch Cantors Unterscheidung warf im Anschluss an seinen Beweis die Frage auf, ob sich noch weitere Unendlichkeiten finden lassen. Und es wurde sogar die Frage gestellt, ob es gar ein Kontinuum von Unendlichkeit gibt, also unendlich oft unendlich.

Die Antwort ist inzwischen bekannt. Sie leuchtet dem

gesunden Menschenverstand allerdings nicht mehr ein, denn sie lautet, dass dies kein Mathematiker entscheiden kann. Man kann nur beweisen, dass man nichts über die Zahl der Unendlichkeiten beweisen kann. So seltsam es auch klingt, aber selbst die Welt der Zahlen steckt voller Unbeweisbarkeiten, wie man es sich Ende des 19. Jahrhunderts nicht hat vorstellen können (wobei diese Aussage selbst beweisbar ist – und bewiesen wurde – wie die Unbeweisbarkeit der Zufälligkeit einer Zahlenfolge). Mit anderen Worten: Sogar in den scheinbar selbst geschaffenen Welten der mathematischen Logik und der Zahlen tauchen Bereiche auf, denen gegenüber wir als Unwissende dastehen, und das kann man eine faustdicke Überraschung nennen.

Als der junge Gödel die von ihm entdeckte Unentscheidbarkeit zu Beginn der 1930er Jahre vorstellte, war die Überraschung tatsächlich riesengroß, wobei dieser Aspekt an dieser Stelle besonders betont wird, weil er einen Philosophen in Schwierigkeiten brachte: den wie Gödel aus Wien stammenden Ludwig Wittgenstein. In den 1920er Jahren meinte Wittgenstein, der Logik unbedingt Langeweile bescheinigen zu müssen. In seinem nach wie vor viel gelesenen *Tractatus logico-philo-sophicus* heißt der mit der Nummer 6.1251 versehene Satz: »Darum kann es in der Logik auch *nie* Überraschungen geben«, und die Dozenten nicken zustimmend an dieser Stelle. Was sollte bei der Logik auch schon Aufregendes passieren?

Nun kommt es in den größten Köpfen vor, dass sich hier und da ein Fehler einschleicht. Wer das Denken tatsächlich liebt, sollte sich darüber freuen und den Irrtum beziehungsweise die Falsifizierung seiner Idee eingestehen, um eine neue und bessere vorschlagen zu können. Durch dieses Ergebnis sollte man doch etwas lernen können. Aber wie reagierte der Philosoph? Er unternahm das Gegenteil und wurde erst stur und dann frech: »Meine Aufgabe ist es nicht«, so Wittgenstein, »über den Gödel'schen Beweis zu reden, sondern an ihm vorbeizureden.«

Zweifellos handelt hier einer nach dem Motto, dass nicht sein kann, was nicht sein darf. Dies erlaubt die Frage, wieso es dann sein kann, dass wir in den akademischen Seminaren immer noch mehr Wittgenstein als Gödel lesen?

Wer jetzt meint, die Logik sei möglicherweise für eine Überraschung in ihren eigenen Gefilden zuständig, bleibe jedoch irrelevant für die übrige Welt, der muss sich erneut das Gegenteil anhören. Als Gödel nämlich seine Heimat kurz nach dem »Anschluss« Österreichs an das nationalsozialistische Deutschland verlassen hatte und in die USA eingebürgert werden sollte, fragte ihn der zuständige Beamte, ob er sich freue, jetzt zu einem Land zu gehören, dessen Verfassung jede Art von Diktatur kategorisch ausschließe. Gödel antwortete, da habe der Beamte seine Verfassung nicht genau genug gelesen. Logisch sei es nämlich doch möglich. Leider hat Gödel uns die entsprechende Stelle nicht verraten. Freunde von Wittgenstein sollten sie suchen.

Wissenschaft gibt es nur von wiederholbaren Ereignissen

Viele Wissenschaftler haben es so dargestellt: Der Naturforscher hat sich auf das zu beschränken, was immer der Fall ist oder was zumindest meistens stattfindet. Mit seinen Methoden könne er nur das erkunden, was reproduzierbar ist, und besonders die Physik sei nur als Lehre vom Wiederholbaren zu verstehen. Sie will ja gar nicht die (gesamte) Natur, sondern nur die Regelmäßigkeiten erklären, die sich bei ihren Gegenständen finden und die sie in dazugehörigen Versuchen immer wieder betrachten und vermessen kann.

Aber kann das tatsächlich stimmen? Gibt es nicht eine Wissenschaft von der Evolution, also von dem Prozess, der gerade doch ständig Neues – also dauernd etwas anderes – in die Welt setzt? Und gibt es nicht eine Wissenschaft vom Universum als dem Gebilde, dessen Name uns von vornherein mitteilt, dass es nur ein Exemplar davon gibt? Wie sollen wir da etwas reproduzieren? Ist die Kosmologie jetzt gar keine Wissenschaft? Was ist mit seltenen Ereignissen wie Vulkanausbrüchen, Erdbeben und dem Ozonloch, mit dem wir wohl besser gar nicht erst experimentieren sollten? Und wie wollen wir unter diesen Umständen wissenschaftlich den Ursprung des Lebens angehen, der doch wohl wirklich einmalig – und mehr oder weniger unwiederholbar – ist?

Eine Arbeitsdefinition von Wissenschaft

Hier geht es nicht um Wissenschaft allgemein – wozu dann auch die historischen Forschungen gehörten –, sondern um die Naturwissenschaft. Wenn wir wissen wollen, ob sie auch mit einmaligen Ereignissen und individuellen Gegebenheiten zurechtkommt, dann müssen wir vorher festlegen, was wir unter einer solchen Naturwissenschaft verstehen wollen. Sie wird ja heute durch viele Disziplinen repräsentiert, die sicher eigene Qualitäten aufweisen und eigene Anforderungen an ihre Zuverlässigkeit stellen. Während es früher reichte, sich auf die großen Säulen Physik, Chemie und Biologie zu konzentrieren, müssen wir heute zahlreiche andere naturwissenschaftliche Spezialgebiete in Betracht ziehen wie die Psychologie, die Krebsforschung, die Informatik, die Pädagogik, die Linguistik und vieles mehr, wobei sie alle erneut aufteilbar sind – zum Beispiel als Medizinische Psychologie, als Entwicklungspsychologie, als Verkehrspsychologie und so weiter. Das scheint fast ohne Ende weiterzugehen, wobei man den Verdacht bekommen kann, dass die Wissenschaft ihre Disziplinen so lange verfeinert, bis ein einzelnes Objekt übrig bleibt, das untersucht wird – und damit klärt sich die Frage des Kapitels von selbst (das heißt, sie führt etwas ad absurdum).

Noch sind wir nicht so weit, und wir brauchen eine Arbeitsdefinition von Wissenschaft und wählen einen Vorschlag des amerikanischen Geografen und Evolutionsbiologen Jared Diamond, der folgende Formulierung angeboten hat: »Naturwissenschaft besteht aus drei Tätigkeiten: Erstens die Beobachtung, Beschreibung und eventuelle Erklärung der wirklichen Welt; zweitens das Einfügen von individuellen Erklärungen in einen größeren theoretischen Rahmen; und drittens das Ausnutzen der gewonnenen Informationen und Erklärungen, um damit Vorhersagen zu machen.«

Diamond erläutert seine Definition dadurch, dass sie »sich offenbar eng an die Bedeutung der lateinischen Wurzel ›scientia‹ hält, die ›Wissen‹ und ›Kenntnisse‹ bedeutet«. In der deutschen Sprache ist seine Definition von Naturwissenschaft eher noch – wörtlich – selbstverständlicher als im Englischen, da als Wurzel im deutschen Wort Naturwissenschaft (für das englische »science«) das Verb »wissen« steckt.

Die Anwendung der Definition

Natürlich kann man noch weitere Charakteristiken der Naturwissenschaften nennen – die Rolle von Quantifizierung und Messung, die Rolle des Experiments und den Einsatz von Statistik –, aber wir versuchen hier, eine einfache Frage zu beantworten. Wer dies unternimmt, wird auch feststellen, dass einige der genannten Elemente der Definition – die Beobachtung mit Beschreibung und Erklärung, das Einfügen in einen umfassenden Rahmen und das Vorhersagen – bei einigen Disziplinen schwer zu finden sind. So werden sich Physiker über Bereiche der biologischen Feldforschung wundern, die nur wenig an Erklärung liefern und daher kaum als Naturwissenschaft verstanden werden können. Der berühmte Nobelpreisträger aus Neuseeland, Ernest Rutherford, hat seine abschätzige Einstellung gegenüber solchen Arbeiten als »Briefmarkensammeln« bezeichnet. Für ihn und seine Kollegen stellen »die Taxonomie und viele Bereiche der Naturforschung lediglich Beobachtungen und Beschreibungen ohne eine Erklärung dar«. Diamond führt dann aus:

Es stimmt natürlich, dass die beiden genannten Tätigkeiten nicht den Charakter des Wissenschaftlichen annehmen, wenn dabei niemals Erklärungen herauskommen; es kann aber sein, dass sich Erklärungen erst sehr spät im Verlauf der Geschichte einer Disziplin zeigen. Wenn sie es denn aber tun, dann beruhen sie auf der langen Ansammlung vieler Beobachtungen und Beschreibungen. So hat es zum Beispiel ein Jahrhundert gedauert, bevor die Beobachtungen der Chemiker zum Verhalten der Materie in Form eines Periodischen Systems zusammengefasst werden konnten, und man brauchte weitere vierzig Jahre, bis die Atomtheorie dieses Ordnungsschema erklären konnte. Drei Jahrhunderte lang mussten die Arten und ihre Verteilungen beschrieben werden, bevor Charles Darwin und Alfred Wallace die taxonomischen Fakten durch die Theorie der Evolution erklären konnten und bevor Wallace und Darwin in der Lage waren, die Verteilungen der Lebensformen durch die Wissenschaft der Biogeografie zu erfassen. Astronomen mussten Sterne und Galaxien mit ihren Fernrohren erst mehr als dreihundert Jahre lang beobachten, bevor die Entwicklung dieser Himmelskörper erklärt werden konnte.

Dies war erst mittels der Allgemeinen Relativitätstheorie von Albert Einstein möglich, die auf das Universum als Ganzes angewandt werden konnte. Damit wurde die Kosmologie eine wissenschaftliche Disziplin. Ihr Beispiel widerlegt die Annahme, dass einmalige Prozesse einer wissenschaftlichen Behandlung nicht zugänglich sind.

Eine Frage der Geduld

Diamond erinnert daran, dass selbst heute noch Naturwissenschaft zu einem großen Teil aus Beobachtung und Beschreibung besteht. Die Molekularbiologie zum Beispiel arbeitet überwiegend deskriptiv, was ihr nicht erlaubt, die ihr von vielen Außenstehenden zugemutete Rolle als Leitwissenschaft zu übernehmen. Natürlich sehen und stellen Molekularbiologen ihre Arbeiten in einen größeren Zusammenhang – etwa den der Evolution –, aber sie haben auch verstanden, dass sie sich anders orientieren müssen als Physiker. Biologen stehen historisch gewordenen Objekten (Zellen, Organismen) gegenüber, die mehr oder weniger Einzelfälle darstellen, bei deren Entstehung auch Zufälligkeiten mitgespielt haben. Das heißt, einem Biologen steht kein systematisches Verfahren zur Verfügung, um die Lösung eines Problems auf ein nächstes zu übertragen, wie es die Physik leicht praktizieren kann. Steine, die einen Hügel herunterrollen, verändern sich zwar auch im Lauf der Zeit. Aber dies ändert nicht die Erklärung, die man für diese Bewegung geben kann. Sie muss sich aber ändern, wenn man etwa vom Auge einer Fliege zum Auge eines Fischs wechselt und man beide im Rahmen der evolutionär ausgerichteten Biologie verstehen will.

Viele Wissenschaften – etwa die Sprachwissenschaft (Linguistik) – beginnen mit Beschreibungen, in diesem Fall der von bislang noch nicht erfassten Sprachen von Stämmen, die ihre eigenen Dialekte bewahrt haben. Überall in der Welt sind Linguisten unterwegs, um sich der Beschreibung der Aussprache, der Grammatik und dem Vokabular bislang noch unbekannter Stammessprachen zu widmen, während nur wenige Sprachforscher versuchen, die Verwandtschaftsverhältnisse zwischen all diesen Einzelsprachen zu klären, mit deren Hilfe es gelingen könnte, die Geschichte dieser Sprachen und ihre Entstehung zu »erklären«.

Diamond zufolge kann man darauf beharren, dass das angestrebte Ziel von Wissenschaft über das Beobachten und Beschreiben hinausgeht und in einer Erklärung besteht. Er weist jedoch auch darauf hin, dass man dafür Geduld haben muss: »Man muss vielleicht sogar Jahrhunderte tolerieren, dass es nichts als Beobachtungen und Beschreibungen gibt, bevor man hoffen kann, zu einer Erklärung zu gelangen.«

Die Macht der Vorhersage

Lassen wir erneut Diamond zu Wort kommen:

> Das verbleibende Markenzeichen der Wissenschaft ist ihr Potenzial für nutzbare Vorhersagen: Wenn man die Welt richtig versteht, sollte man in der Lage sein, dieses Wissen zu verwenden, um künftige Ereignisse vorherzusagen oder ihren Verlauf zu beeinflussen. Darin liegt das Geheimnis der Beschleunigung der Industriellen Revolution in den Jahren nach 1820. Erst zu dieser Zeit hatten die Chemie und die Thermodynamik genügend Erklärungskraft entwickelt, um über die bloße Beschreibung hinauszugehen und Anwendung bei der Entwicklung von Maschinen und dem Design chemischer Prozesse zu finden.
>
> Diese Fähigkeit zur Vorhersage wird häufig von den Naturwissenschaftlern selbst missverstanden, und zwar aus zwei Gründen. Zum einen beklagen die Physiker oftmals, dass die rein historischen Wissenschaften wie die Paläontologie per Definition die Zukunft nicht vor-

hersagen können. Doch dies ist ein Missverständnis, denn ein Paläontologe kann vorhersagen, was er oder was er nicht künftig in neu entdeckten Erdschichten mit Fossilien antreffen wird. Andere historische Wissenschaften wie die Evolutionsbiologie und die historische Geologie erweisen sich ebenfalls als nützlich, wenn es etwa um die Vorhersage geht, was in einem groben Maßstab gesehen mit Gletschern passiert oder wie sich Mikroben in Zukunft an ihre Umwelt anpassen. Das zweite Missverständnis, das auftritt, wenn die Vorhersagefähigkeit der Wissenschaft als ihr Lackmustest eingesetzt wird, liegt darin, dass einige Wissenschaften sehr komplizierte Systeme untersuchen, bei denen Tausende von Variablen eine Rolle spielen, die in vielen Fällen unkontrolliert bleiben – denken wir an Ökosysteme, an das Klima oder an individuelle Menschen. Diese Komplexität stellt ein Hindernis für spezifische Vorhersagen dar, ohne die Möglichkeit zu beeinträchtigen, Vorhersagen allgemeiner Art zu treffen. Computer und neue Methoden der Modellierung machen es mehr und mehr möglich, spezifische Prognosen für die Ökologie, die Klimaforschung, die Astronomie und auf anderen Gebieten zu treffen.

Mit anderen Worten, die Wissenschaft kreist den Einzelfall immer mehr ein. Sie ist längst viel mehr geworden als eine Verwaltung von reproduzierbaren Abläufen. Das wäre auch zu langweilig.

Wissenschaft liefert nur klare Antworten

Die Naturwissenschaft versteht sich gewöhnlich in der Tradition der Aufklärung, die durch drei Prinzipien gekennzeichnet werden kann. Zum einen besteht für Menschen die Möglichkeit, sinnvolle und vernünftige Fragen über die Wirklichkeit zu stellen, wobei damit Fragen gemeint sind, auf die man verständlich und interessant antworten kann: Warum frieren Frauen eher als Männer? Warum fällt ein Blatt Papier langsamer als ein Bleistift zur Erde? Zum andern gilt der Grundsatz, dass sich ebenso sinnvolle und vernünftige Antworten auf diese Fragen finden lassen, wenn man geeignete Methoden oder entsprechende Kenntnisse einsetzt – weil Frauen ein ungünstigeres Verhältnis von Fett- und Muskelgewebe haben und die Muskeln jemanden warm zittern können, und weil beim Papier der Luftwiderstand größer ist. Und drittens gilt, dass all diese gegebenen Antworten miteinander verträglich sind und sich nicht widersprechen. Sonst entstünde ein Durcheinander ohne den Durchblick, den man doch mit der Wissenschaft erreichen will.

Die Doppelnatur des Lichts

Während die ersten beiden Grundsätze unbestritten sind und unangetastet bleiben, haben Erfahrungen des 20. Jahrhunderts das dritte Prinzip als untauglich erkennen lassen. Das bekannteste Beispiel liefert die 1905 erschienene Arbeit von Albert

Einstein, die er selbst als »revolutionär« einstufte und für die er den Nobelpreis für Physik erhielt. Als der 26-jährige Einstein seine Überlegungen »Über einen die Erzeugung und Verwandlung des Lichts betreffenden heuristischen Standpunkt« in den *Annalen der Physik* (Band 17, S. 132 – 184) vorstellte, zerstörte er die jahrhundertealte Gewissheit der Physik, dass Licht als die Bewegung einer Welle verstanden werden kann. Einstein zeigte, dass die Natur des Lichts nur dann erfasst werden kann, wenn man ihm zubilligt, aus Teilchen zu bestehen. Diese Atome des Lichts werden Photonen genannt. Licht ist also Welle und Teilchen zugleich, und wenn dieser Sachverhalt rasch unter dem Ausdruck Dualität oder Dichotomie des Lichts abgelegt wird, dann übersieht man seine eigentliche Bedeutung. Sie besteht darin, dass man jetzt nicht mehr zu sagen vermag, was Licht ist. Man kann alles Mögliche über das Licht herausfinden – seine Energie, seine Richtung, seine Intensität, seine Polarisation –, jedoch nicht mehr ausdrücken, was es ist.

Einstein hat das sofort gespürt und sein Gefühl geäußert, ihm sei der Boden unter den Füßen weggezogen worden. Zwar hat er die ihm noch verbleibenden Jahrzehnte unentwegt über die Natur des Lichts nachgegrübelt, aber einer Lösung ist er dabei nicht näher gekommen. Mit anderen Worten: Die Wissenschaft kann nicht sagen, was Licht ist, oder positiv gewendet: Das Licht behält sein Geheimnis, auch wenn man ihm mit allen Mitteln, die uns die Technik liefert, auf den Grund zu gehen versucht.

Das Verwandeln von Geheimnissen

Damit können wir den kühn klingenden Satz formulieren, dass Wissenschaft nicht etwas ist, das aus einem Rätsel der Natur eine verständliche und anwendbare Lösung macht. Naturwissenschaft verwandelt vielmehr ein geheimnisvolles Phänomen in eine geheimnisvolle Erklärung – wobei man hinzufügen muss, dass man diesen Sachverhalt anders formuliert schon oft gehört und akzeptiert hat. Wenn nämlich ein Forscher sagt, dass er nach der Beantwortung einer Frage mehr Fragen hat als vorher, dann ist damit genau das gemeint, was wir mit Verwandlung von Geheimnissen ausgedrückt haben. Das ist übrigens nicht von Übel, sondern im Gegenteil das Beste, was der Wissenschaft passieren kann, denn – um wieder Einstein zu zitieren – »das Schönste, was wir erleben können, ist das Geheimnisvolle. Es ist das Grundgefühl, das an der Wiege von wahrer Wissenschaft und Kunst steht. Wer es nicht kennt und sich nicht mehr wundern, nicht mehr staunen kann, der ist sozusagen tot und sein Auge ist erloschen.«

Anhand des Lichts soll nun an einigen Beispielen dargelegt werden, was Erklärungen bisweilen geheimnisvoller macht als das Phänomen selbst. Wie erwähnt hatte das 19. Jahrhundert – vor Einstein – herausgefunden, dass Licht als elektromagnetische Welle verstanden werden kann. In der Physik wird dies durch die berühmten (von Einstein bewunderten) Maxwell-Gleichungen beschrieben. In dazugehörigen Illustrationen zeigen die Lehrbücher, wie der elektrische Anteil der Lichtwelle sich auf- und abbaut und dabei sein magnetisches Gegenstück auf- und abbaut, das wiederum den elektrischen Anteil auf- und abbaut und so weiter. So sieht aber die Wirklichkeit nicht aus. In ihr ist unklar und unvorstellbar, wie eine magnetische Qualität in eine elektrische umschlagen kann und umgekehrt. Zwar vermag man sich auszumalen, wie es sein soll, wenn etwa Atome in einem Gas kollidieren und ihren Impuls austauschen, aber auf welche Weise sollen elektrische und magnetische Felder in Wechselwirkung treten? Und das mit den Atomen wird ebenfalls schwieriger, wenn man an die Ladungen ihrer Elektronen denkt und es also die von ihnen ausgehenden Felder sind, die zusammenstoßen, wenn Atome aufeinanderprallen.

Es gibt zwar eine mathematische Beschreibung in Form der Maxwell-Gleichungen, die das alles erfasst und vorhersagbar darstellt. Aber daraus folgt nicht, dass man an dieser Stelle klarsieht und versteht, was passiert, dass man sich also von dem Innersten des Lichts ein Bild machen kann.

Als weiteres Beispiel betrachten wir den einfachen und wohlvertrauten Sachverhalt, der dafür sorgt, dass Gegenstände zur Erde hin fallen und wir bequem in einen Sessel sinken können. Die Physik erklärt dies durch die Idee eines Schwere- oder Gravitationsfelds, die auf Newton zurückgeht. Aber wer versteht denn, a) wie solch ein Feld zustande kommt, b) wie es sich im Raum ausbreitet und c) wie es eine Wirkung erzielt? Gravitationsfelder sind eher geheimnisvoller als die Erdanziehung, die sie bewirken, und damit kann man das oben Beschriebene steigern – Wissenschaft verwandelt ein Geheimnis der Natur nicht nur in ein anderes, sondern in ein tiefer reichendes Geheimnis: in diesem Fall in das des Schwerefelds.

Noch ein Beispiel aus der Physik: Als ihren Vertretern im frühen 20. Jahrhundert durch Experimente klarwurde, dass Atome mit Kernen bestückt sind und sich in ihnen unter anderem positiv geladene Elementarteilchen (Protonen) befinden, tauchte die Frage auf, wie diese zusammengehalten werden. Ihre gleichartige Ladung sollte sie doch auseinandertreiben. Als Antwort präsentierte man die sogenannte starke

Kernkraft, die sich wie eine elektromagnetische Welle mathematisch gut darstellen lässt – und mehr auch nicht. Die starke Kernkraft löst das Rätsel, wie die Protonen im Kern festgehalten werden. Sie bleibt aber selbst geheimnisvoll.

Zuletzt noch ein Beispiel aus der Biologie: Als im Jahr 1953 die Doppelhelix als Struktur der Gene vorgeschlagen wurde, rannten James D. Watson und Francis Crick, die beiden Wissenschaftler, denen wir diese Idee verdanken, in ihre Stammkneipe und riefen: »Wir haben das Rätsel des Lebens gelöst.« So schön dies klingt, es trifft nicht zu. Die Doppelhelix löst kein Rätsel. Sie ist vielmehr das Geheimnis des Lebens. Deshalb fasziniert sie uns doch.

Das Buch der Natur ist in der Sprache der Mathematik geschrieben

Diese Behauptung geht auf Galileo Galilei zurück und wird bis heute unwidersprochen hingenommen und für wahr gehalten. Die kühne Formulierung stammt aus dem Jahr 1623 und findet sich in Galileis Buch *Il Saggiatore*:

> Die Philosophie steht in diesem großen Buch geschrieben, das unserem Blick ständig offen liegt. Aber das Buch ist nicht zu verstehen, wenn man nicht zuvor die Sprache erlernt und sich mit den Buchstaben vertraut gemacht hat, in denen es geschrieben ist, und deren Buchstaben sind Kreise, Dreiecke und andere geometrische Figuren, ohne die es den Menschen unmöglich ist, ein einziges Wort davon zu verstehen; ohne dies irrt man in einem dunklen Labyrinth herum.

Diese Sätze wirken in unserem Jahrhundert deshalb vertraut, weil wir in der Schule unter anderem die mathematischen Gleichungen kennen lernen, die Isaac Newton zur Beschreibung der Bewegung aufstellen konnte, weil wir Albert Einsteins Relation von Energie und Masse gelernt – $E = mc^2$ – und wir die witzige Bemerkung von Stephen Hawking gehört haben, dass jede Formel in einem Sachbuch die Auflage halbiert. Damit wird indirekt gesagt, dass eine wissenschaftlich angemessene Beschreibung etwa des Kosmos in der Sprache der Mathematik geschehen müsste, so wie Galilei es behauptet hat. Seine Sätze müssen aber trotzdem als kühne Vision verstanden werden, weil man zum einen im 17. Jahrhundert nicht wirklich wissen konnte, ob das funktioniert, und weil zum andern Galilei selbst bei seinem Versuch gescheitert war, solch ein mathematisch formulierbares Gesetz für den freien Fall zu entwerfen.

Mathematisches in der Natur

Wie dem auch sei: Der Gedanke an die Fähigkeit der Mathematik ist schon in der Antike geäußert worden, etwa von Platon in seinem Dialog *Timaios*, in dem der Kosmos als Abbild von ewigen Ideen eines Demiurgen (göttlichen Handwerkers) vorgestellt wird, der seine Ordnung auf elementarer Ebene durch die sogenannten platonischen Körper bekommt, deren symmetrisch und systematisch geformte Gegebenheiten eine mathematische Beschreibung der Welt (Kosmos) ermöglichen. Zu Galileis Zeit selbst hat Johannes Kepler die (fünf regelmäßigen) platonischen Körper (Polyeder) ineinandergeschachtelt in der Hoffnung, mit dieser geometrischen Konstruktion das »Welträtsel« lösen und den Kosmos verstehen zu können. Wie viele Zeitgenossen glaubte Kepler an einen Schöpfergott, der sich seinen Geschöpfen durch die Schönheit der mathematischen Strukturen offenbarte, die der Blick zum Himmel erschließen konnte.

Kepler erkannte bekanntlich drei Gesetze der Planetenbewegung: 1. Die Form der Planetenbahnen ist eine Ellipse. 2. Wenn man sich eine Linie vorstellt, die von der Sonne zu einem Planeten reicht, dann überstreicht diese Linie in gleichen Zeiten gleiche Flächen. 3. Die Quadrate der Umlaufzeiten (T) von zwei Planeten verhalten sich zueinander wie die dritten Potenzen ihrer mittleren Entfernung (R) von der

Sonne. Anders ausgedrückt: Der Quotient T^2/R^3 ist eine konstante Zahl. Vor allem die letzte Relation konnte Galilei als Musterfall seiner Behauptung dienen – und so wird sie uns in der Schule auch heute noch beigebracht. Das heißt, uns wird erzählt, dass man irgendwann alles Naturgeschehen in Form mathematischer Zeichen darstellen und begreifen kann. Aber stimmt das? Hat jemand diesen Gedanken über die Anfänge hinaus und bis in die zahlreichen Disziplinen hinein verfolgt, die sich inzwischen alle mit der Natur und ihrem Verständnis befassen?

Moderne Zeiten

Die Dominanz der Mathematik und die Gültigkeit von Galileis Behauptung bestätigten sich zunächst einmal erneut und eher verstärkt, als um 1925 Werner Heisenberg und Erwin Schrödinger Wege fanden, um das Verhalten von Atomen zu beschreiben. Es stellte sich dabei heraus, dass man die Sprache zu Hilfe nehmen konnte – die Formeln für Matrizen und Differentialgleichungen –, die Mathematiker bereits im 19. Jahrhundert erfunden hatten, ohne physikalische Anwendungen in Betracht zu ziehen. Diese Sprache galt damit als universal anwendbar, und sie erzählte angemessen von den Atomen.

1928 konnte dies noch gesteigert werden. In diesem Jahr schlug der Brite Paul Dirac eine Gleichung vor, mit der die Bewegung eines Elektrons berechnet werden konnte und in der Einsteins Theorie der Relativität mit den Quantensprüngen kombiniert auftrat. Wie sich dabei zeigte, gab es zwei Lösungen für Diracs (quadratische) Gleichung, eine positive und eine negative. Dirac empfahl, der Sprache der Mathematik zu glauben und nicht nur der positiven, sondern auch der negativen Lösung eine Realität zuzutrauen. Er sollte recht behalten: Wir sprechen heute von der Antimaterie und können sagen, dass die Sprache der Mathematik den Weg dorthin beschrieben hat.

Erfolge dieser Art brachten den aus Ungarn stammenden Physiker Eugene Wigner 1960 dazu, an Galileis große Vision zu erinnern: »Die zutreffende Aussage, dass die Gesetze der Natur in der Sprache der Mathematik verfasst sind, ist vor dreihundert Jahren gemacht worden«, wie Wigner anmerkte, um stolz hinzuzufügen: »Sie ist heute mehr denn jemals gültig.«

Zweifel

Doch stimmt das wirklich? Hatte Galilei tatsächlich recht? Könnte es nicht sein, dass wir das Buch der Natur mit den Büchern der Physik verwechseln, die vielfach höchst elegant und zutreffend in der Sprache der Mathematik verfasst worden sind? Wir sollten deshalb die Frage stellen, ob wir wirklich alles Natürliche durch Physik erfassen können. Und wir sollten uns weiter erkundigen, was mit der selbstverständlich scheinenden Folgerung ist, die Galilei aus seinem Diktum zieht. Sie lautet: »Ohne Mathematik ist es den Menschen unmöglich, ein einziges Wort vom Buch der Natur zu verstehen.«

Wen immer Galilei damit einschüchtern wollte: Diese Behauptung trifft keinesfalls zu, wie Gegenbeispiele aus der Geschichte zeigen, die nach ihm kam. Die Gegenbeispiele lieferten etwa Michael Faraday, Charles Darwin und James D. Watson, die weder Mathematik konnten noch brauchten, um in den Wissenschaften berühmt zu werden, weil sie im Buch der Natur gelesen, etwas verstanden und uns mitzuteilen hatten. Und Georg Christoph Lichtenberg, der berühmte Physiker und Poet des 18. Jahrhunderts, weist in seinen *Sudelbüchern* (II/ 68,1) auf das Folgende hin:

> Ein etwas vorschnippischer Philosoph, ich glaube Hamlet, Prinz von Dänemark, hat gesagt, es gäbe eine Menge Dinge im Himmel und auf der Erde, wovon nichts in unseren Kompendien stände. Hat der einfältige Mensch, der bekanntlich nicht recht bei Trost war, damit auf unsere Kompendien der Physik gestichelt, so kann man ihm getrost antworten: gut, aber dafür stehen auch wieder eine Menge Dinge in unseren Kompendien, wovon weder im Himmel noch auf der Erde etwas vorkommt.

In der Tat: Wo gibt es denn zum Beispiel die berühmten Massenpunkte, mit denen die Newton'schen Bewegungsgleichungen formuliert werden, außer in den Lehrbüchern? Hat nicht jeder reale Körper wenigstens minimale Ausdehnungen? Und wo bewegt sich etwas so völlig reibungsfrei, wie die Physik es vorsieht, außer in den Klausuren, wo man lösbare Aufgaben braucht? Könnte es sein, dass wir uns mit der Mathematik – und Galileis Diktum – etwas vormachen und das Modell mit dem Vorbild selbst verwechseln?

Dies gilt erst recht in den Biowissenschaften: Wo gibt es die nackte, perfekt gebaute und mathematisch vollkommene Doppelhelix aus DNA außer in den eleganten Darstellungen der Molekularbiologen? Wird die begehrte Struktur nicht dicht von unzähligen anderen Molekülen umwimmelt, die sie verzerren und verbiegen? Und wer garantiert dem Leser, dass das, was ihm in den Kompendien als unverrückbare Tatsache angepriesen wird, nicht morgen durch ein neues Faktum ersetzt wird?

Überhaupt – rechnet wirklich jemand damit, dass das Leben und seine Entwicklung so berechenbar werden wie ein Planetensystem und seine Ordnung? Im Jahr 2009 zeigte die Schirn Kunsthalle in Frankfurt am Main eine Ausstellung über »Darwin – Kunst und die Suche nach den Ursprüngen«, und in dem Katalog wurde völlig überzeugend festgestellt: »Anders als die Fortschritte der Physik konnten die Überlegungen Darwins jedem bildhaft vor Augen geführt werden. Die Seiten der Natur, die hier aufgeblättert wurden, waren nicht in der Sprache der Mathematik geschrieben.«

Die andere Sprache

Es war ein Vorgänger Darwins, Alexander von Humboldt, der schon im 19. Jahrhundert gezeigt hat, dass es eine andere Sprache gibt, mit der die Natur das Buch geschrieben hat, das sie Menschen zum Lesen gegeben hat. Es ist die Sprache der Poesie, denn wir können die Natur sowohl beobachten und vermessen als auch erleben und genießen, und in beiden Fällen erfassen wir etwas von ihr. So ist beispielsweise der Mond sowohl ein berechenbares Objekt am Himmel, zu dem man sogar hinfliegen kann, als auch die Quelle des freundlichen Lichts, das »Busch und Tal mit Nebelglanz« erfüllt.

Humboldt erfüllte beides mit Glück. Denn »in diesen beiden Epochen der Weltansicht spiegeln sich zwei Arten des Genusses ab. Den einen erregt das dunkle Gefühl des Einklangs (...), der andere Genuss entspringt aus der Einsicht in die Ordnung des Weltalls und in das Zusammenwirken der physischen Kräfte«, wie er in seinem Buch *Kosmos. Entwurf einer physischen Weltbeschreibung* schrieb. Dieser Kosmos kann aus zwei Richtungen verstanden werden: »aus dem inneren

Sinn«, dem das Weltall als »ein harmonisch geordnetes Ganzes« vorschwebt, und von außen »als Ergebnis langer, mühevoll gesammelter Erfahrungen«. Im zweiten Fall braucht man die Mathematik. Im ersten Fall braucht man etwas anderes. Galilei hat uns also nur die Hälfte der Wahrheit gesagt. Gott ist nicht nur ein Mathematiker, er ist auch ein Dichter. Deshalb können wir alle in dem Buch der Natur lesen, das er geschrieben hat.

Die Hypothese der Evolution
ist nicht widerlegbar

Der Gedanke der Evolution, so wie er seit den Tagen von Charles Darwin und Alfred Wallace in der Naturwissenschaft verstanden wird, erfasst die Veränderungen – Modifikationen, Variationen, Varianten, Varietäten, Mutationen, Abwandlungen, Umformungen, Neukombinationen, Transformationen –, die Organismen von Generation zu Generation hervorbringen, wenn sie Nachkommen erzeugen. Evolution erkundet – in einer auf Darwin zurückgehenden Kurzformel in seiner Muttersprache – »modification by descent«. Der damit bezeichnete Wandlungsprozess durch Abstammung erweist sich als zugleich notwendig und angemessen in einer Welt, die seit ihrem Bestehen nichts anderes getan hat, als sich zu ändern, und die sich künftig nur in der Hinsicht nicht ändert, dass sie an dieser formenden Dynamik festhält.

Das statistische Gesetz

Dieser weit reichende Gedanke findet seinen verbreiteten und bekannten Ausdruck in dem Buch, das Darwin 1859 unter einem höchst barocken Titel vorlegte, von dem wir hier nur die erste Hälfte angeben: *Die Entstehung der Arten durch natürliche Auslese.* Damit ist die Anpassung von Arten an eine sich ändernde Umwelt gemeint, die durch die Wirkung der natürlichen Selektion zustande kommt, deren Rohmaterial Variationen der vorhandenen Lebensformen sind. Das Auftreten von Varianten (Mutanten) wird von Darwin als zufällig angesehen, als eine Möglichkeit unter vielen. Der Zufall stellt also einen wesentlichen Bestandteil der Konzeption namens Evolution dar, und dies hat mindestens eine besondere Konsequenz. Eine Theorie der Evolution kann nämlich niemals vollständig sein. Sie kann auch nicht die Qualität der Theorie gewinnen, die Naturwissenschaftler zum Beispiel von der Physik gewohnt sind. Zwar schwärmt Darwin selbst am Ende seines Werks davon, mit seiner Idee einer natürlichen Selektion Naturgesetze gefunden zu haben, die nach wie vor noch rings um uns wirken und alle Vielfalt des Lebens hervorbringen, aber tatsächlich hat er eine größere Leistung vollbracht. Er hat klargelegt, dass es neben den ersten Naturgesetzen, die einen physikalischen oder chemischen Ablauf festlegen, auch Naturgesetze gibt, die dies nicht tun. Darwin hat mit der Evolution entdeckt, dass es eine zweite Form von lebens- und überlebensrelevanten Naturgesetzen gibt, nämlich diejenigen, die sich statistisch auswirken. Dies hat bereits 1877 der amerikanische Philosoph Charles Peirce beschrieben:

Die Kontroverse um Darwin ist zu weiten Teilen eine Frage der Logik. Darwin schlug vor, die statistische Methode auf die Biologie anzuwenden. Dasselbe ist in einem sehr verschiedenen Zweig der Wissenschaft geschehen, in der Theorie der Gase. Obwohl sie nicht sagen konnten, wie die Bewegung eines bestimmten Gasmoleküls unter gewissen Voraussetzungen über die Zusammensetzung dieser Art von Körpern aussehen würde, konnten [die Väter des Zweiten Hauptsatzes der Thermodynamik] – schon acht Jahre vor der Publikation von Darwins unsterblichem Werk – durch Anwendung der Wahrscheinlichkeitspostulate voraussagen, dass auf lange Sicht der und der Anteil der Moleküle unter den und den Umständen die und die Geschwindigkeit erreichen würde; dass sich da jede Sekunde so und so viele Zusammenstöße ereignen würden und so weiter; und aus diesen Aussagen gelang es ihnen, bestimmte Eigenschaften der Gase abzuleiten, besonders was ihr Verhalten bei Wärme anging. In gleicher Weise kann Darwin nicht sagen, was die Wirkung der Variation und natürlichen Selektion in irgendeinem Einzelfall sein wird, er zeigt aber, dass sich Tiere, auf lange Sicht gesehen, ihren Lebensumständen anpassen werden und angepasst haben.

Mit anderen Worten: Darwin entdeckt die universelle und weit reichende Gültigkeit des statistischen Gedankens, und daraus ist vonseiten der Wissenschaftsphilosophie oft der Schluss gezogen worden, dass es sich bei der Evolution bestenfalls um ein Forschungsprogramm handelt, das Darwins Gedanken den Charakter der Wissenschaftlichkeit nimmt. Wie soll er auch präzise prüfbare Prognosen machen, die einer genauen empirischen Überprüfung zugänglich sind, wie wir es aus der Physik gewohnt sind? Wie soll die Evolutionstheorie überhaupt geprüft werden?

Darwins Offenheit

Es konnte und musste erwartet werden, dass Personen oder Gruppen, die aus ideologischen oder anders motivierten Gründen den Gedanken einer Evolution ablehnen – zu ihm gehört immerhin die Einsicht, dass die Menschen von Affen abstammen und eng mit ihnen verwandt sind –, sich auf diese philosophische Kritik an der Evolutionstheorie stürzten und ihr jede Wissenschaftlichkeit wegen mangelnder Falsifizierbarkeit absprachen. Sie konnten sich dabei auf Karl Popper berufen, den Begründer der Logik der Forschung, der seine Meinung über den logischen Status der Theorie der natürlichen Selektion aber im Lauf seines Lebens aufgab, vor allem, nachdem nachgewiesen werden konnte, dass die Selektionsannahme durchaus prüfbare Prognosen ermöglicht. So wurde bereits 1973 ein umfangreicher Aufsatz in der Zeitschrift *Philosophy of Science* veröffentlicht, in dem Mary B. Williams eine Fülle von »Falsifiable Predictions of Evolutionary Theory« vorstellte.

Was Popper nicht zuletzt auch überzeugt hat, steckt in Darwins eigener Einstellung zu seinem Vorschlag. Für den britischen Biologen gab es mit der Evolution eine Geschichte der Natur, in der eine Lebensform nicht nur nach einer anderen auftauchte, sondern in der Arten sich aufeinander aufbauten und mit gegenseitiger Hilfe entwickelten. Betrachtet man beispielsweise die Evolution von Vögeln, die sich in zahlreichen fossilen Funden nachvollziehen lässt, die verschiedenen Erdzeitaltern zugeordnet werden können. So sind Exemplare aus der Kreidezeit vor rund 100 Millionen Jahren bekannt, die noch Zähne hatten, und die modernen Vögel mit ihrer besonderen Skelettstruktur – zur Verbesserung der Flugfähigkeit – findet man seit dem Tertiär, das vor 65 Millionen Jahren begonnen hat und in dessen später Phase, dem Miozän, sich viele Arten von Singvögeln herausgebildet haben. Darwin wäre bereit gewesen, seinen Gedanken der Evolution sofort und ohne Zögern (allerdings auch mit Bedauern) aufzugeben, wenn sich Spuren von Singvögeln in Erdschichten aus der Kreidezeit gefunden hätten – oder wenn vergleichbare Funde von Fischen oder anderen Lebensformen in Erdschichten gemacht worden wären, in denen sie der Theorie nach nicht vorliegen durften. In diesem Fall hätte man keine Entwicklungsgeschichte beobachtet, sondern gesehen, dass das Leben seine Vielfalt verschiedenen Schöpfungsakten verdankt.

Anders ausgedrückt: Die Theorie der Evolution ist offenbar höchst anfällig für empirische Widerlegungen. Genau daraus bezieht sie ihre Stärke. Da hat Popper recht.

Je präziser man vorgeht,
desto besser wird das Ergebnis

Präzision gilt in der Wissenschaft als Wert an sich, und natürlich kann sie eine große und manchmal lebenswichtige Rolle spielen. So muss zweifellos die Dosierung von Röntgenstrahlen oder lebenswichtigen Medikamenten sehr genau gehandhabt werden. Und wenn Laserstrahlen mit höchster Präzision die Entfernung zwischen Erde und Mond bestimmen und wir dabei feststellen, dass der Trabant sich jedes Jahr ein paar Zentimeter von uns fortbewegt, dann dürfen wir nicht nur über die Qualität dieser gemessenen Quantität staunen, sondern wir können uns auch ganz neue Gedanken über die Stabilität oder (langfristige) Zukunft des Planetensystems machen, zu dem wir gehören.

Keine Frage – Präzision bringt ihre Pracht mit sich, aber eben nicht immer. Das Bemühen um sie kann sich auch verheerend auswirken, zum Beispiel wenn man auf eine ungeeignete Methode setzt, die dann aufgegeben wird – was sich letztlich sogar als Segen für die Menschen erweisen kann.

Das Datum der Schöpfung

Betrachten wir ein Beispiel aus den Tagen von Charles Darwin, von dem gerade die Rede war. Damals gab es noch die starke Fraktion der Naturtheologen, deren Mitglieder den Glauben an einen Schöpfer mit Einsichten in die Natur verbinden wollten und sich wie viele vor und nach ihnen mit der Frage beschäftigten, wann Gott denn die Welt geschaffen habe. Als der junge Darwin 1831 zu seiner langjährigen Weltreise mit dem Vermessungsschiff »Beagle« antrat, wunderte er sich über eine Bemerkung, die ein Naturtheologe in die Schiffsbibel geschrieben hatte: »Gott hat die Welt am 28. Oktober 4004 vor Christi Geburt um 9.00 Uhr morgens geschaffen.«

Die Berechnung dieses Datums hatte im 17. Jahrhundert begonnen, als ein irischer Theologe und Erzbischof namens James Ussher sich daranmachte, das Lebensalter von jedem der in der Bibel genannten Patriarchen zu eruieren, um die dabei gefundenen Zahlen zu addieren und so den zeitlichen Anfang der Welt – den Moment der Schöpfung – zu bestimmen. Bei diesem Bemühen treten die beiden oben erwähnten Seelen zum Vorschein. Die eine will Gott, und die andere will die Natur erkennen. Ussher kam bald zu der Jahreszahl 4004 v. Chr., und wenn er und seine Anhänger es dabei belassen hätten, wäre die von ihnen betriebene und an den Universitäten unterrichtete Naturtheologie (»natural theology«) vielleicht eine respektable Wissenschaft geblieben. Doch wenn das Wissenwollen einmal in Schwung gekommen ist, dann macht es unerbittlich weiter. Und so fügten die Schriftgelehrten dem Jahr den Monat, dem Monat den Tag und dem Tag zuletzt die Uhrzeit hinzu, und spätestens in dem Augenblick wurde das Unternehmen erst albern und dann selbstauflösend. Es sorgte für seine eigene Abschaffung.

Den Unsinn bemerkte Darwin beim erwähnten Blick in die Schiffsbibel. Eine immer präziser werden wollende Natur-*theologie* brachte keinen Sinn mehr mit sich, sie führte sich – im Gegenteil – selbst ad absurdum und musste zwangsläufig durch eine Natur*forschung* abgelöst werden. Diese wollte Darwin liefern.

Fuzzy Logik

Springen wir in das 20. Jahrhundert, das der Präzision des 19. Jahrhunderts nicht einfach folgen kann und gezwungen wird, ihm die Vorsilbe »un« entgegenzusetzen. Nach 1900 wird zum Beispiel eine Unstetigkeit entdeckt, die eine Unbestimmtheit nach sich zieht und manches Unvorhersehbare mehr, zu dem zuletzt auch die Ungenauigkeit gehört. Der Weg zu ihr beginnt in dem Bereich, in dem sonst das Denken seine höchste Präzision erreicht, in der Logik.

Anfangs noch eher unbemerkt, breitete sich im 20. Jahrhundert nach und nach eine Alternative zur traditionellen Logik des Aristoteles aus, die als zweiwertig bezeichnet wird, weil sie dem Postulat folgt, das auf Latein »Tertium non datur« lautet. Entweder ist man pünktlich, oder man ist es nicht, wie Aristoteles klargestellt hat, ein Drittes gibt es nicht. Dies haben die Logiker so lange behauptet, bis einige ihrer Vertreter merkten, dass in den meisten Feststellungen so viel Ungenauigkeit steckt, dass eine vage Logik den Tatsachen besser Rechnung trägt als diese scharfe Trennung. Eine »fuzzy Logik« wurde etabliert, die versucht, Abstufungen zuzulassen, und zum Beispiel berücksichtigt, dass man mehr oder weniger unpünktlich sein kann. Natürlich ist man unpünktlich, wenn man eine halbe Stunde zu spät zum Abendessen erscheint, aber ist ein Flugzeug unpünktlich, das von Deutschland nach Australien fliegt und dreißig Minuten länger braucht als im Flugplan angegeben?

Es gibt eben verschiedene Grade von Pünktlichkeit, und dies gilt auch für andere Begriffe, die wir ohne Weiteres auf »fuzzylogische« Art im Alltag verwenden. Zweifellos gibt es auch scharf definierte Begriffe – zum Beispiel »Junggeselle« oder »Volljährigkeit« und andere mehr im juristischen Bereich. Aber die meisten Wörter behalten ihre Vagheit, selbst wenn man sie auf sich selbst anwendet: Ich bin doch selten völlig zufrieden oder rundum gesund. Zumeist stört mich etwas – im Kopf oder im Körper –, und wenn ich darüber verständlich, das heißt zumindest logisch, reden soll, kann ich mit der zweiwertigen Form des Aristoteles wenig anfangen.

»Fuzzy Logik« stellt nicht den Versuch dar, unklar zu argumentieren. Sie bemüht sich vielmehr darum, die unvermeidliche Unklarheit vieler Begriffe (zum Beispiel pünktlich, klein, müde, mutig) ernst zu nehmen und trotzdem ein korrektes logisches Denken beziehungsweise einen korrekten logischen Umgang mit ihnen zu ermöglichen. Wer sich darauf einlässt, kann wunderbare Vorteile entdecken, und zwar in Wissenschaft und Alltag. Was den Alltag angeht, so wird jeder schon bemerkt haben, dass es viele Situationen gibt, in denen Präzision höchst unwillkommen ist. Wer etwa das Auto rückwärts in eine enge Parklücke manövrieren will und dabei auf Anweisungen seines Beifahrers angewiesen ist, wird merken, dass ihm nur Angaben der Art »noch ein Stück zurück« oder »etwas nach rechts einschlagen« helfen. Würden hier Winkel und Zentimeter genannt, käme der Fahrer schnell ins Schwitzen.

Dieses Beispiel illustriert einen allgemeinen Zusammenhang zwischen Signifikanz und Präzision, und zwar den ihrer Inkompatibilität in komplexen Situationen. Populär ausgedrückt verliert die Genauigkeit von Messungen jede Bedeutung, wenn sie Komponenten in einem System betreffen, das stark vernetzt ist und nur in dieser Form funktioniert. Die Grundidee geht auf Lotfi Zadeh zurück, der 1972 sein Prinzip der Inkompatibilität so formuliert hat: »Wenn die Komplexität eines Systems zunimmt, wird unsere Fähigkeit geringer, präzise und zugleich signifikante Aussagen über sein Verhalten zu machen, bis ein Grenzwert erreicht ist, über den hinaus

Präzision und Signifikanz (der Relevanz) sich nahezu gegenseitig ausschließende Charakteristiken werden.« Oder anders und positiv gewendet: »Je genauer man sich ein Problem der realen Welt anschaut, desto fuzziger wird seine Lösung.«

Präzise Definitionen

Die reale Welt kann auch die der Wissenschaft sein, und in der Tat lässt sich das Prinzip der Inkompatibilität in diesen Sphären anwenden, und zwar wie folgt: Je genauer ein Begriff definiert ist, desto weniger Bedeutung hat er für die Wissenschaft. Im Umkehrschluss bedeutet dies, dass die wichtigen Konzepte der Wissenschaft »fuzzy« sein und bleiben sollten. Wenn man genau sagen könnte, was ein Atom oder ein Gen ist, wäre die Wissenschaft doch langweilig. Ihre maßgeblichen Größen müssen unscharf sein und für die Diskussion offen bleiben, was natürlich nicht heißt, dass sie beliebig benutzbar sein können. Es muss einen festen Kern, eine klare Mitte geben, auf die sich ein Begriff wie Energie, Leben, Natur oder Potenzial bezieht. Wenn zum Beispiel von der Reinheit eines Stoffs oder einer Substanz als wissenschaftlichem Konzept die Rede ist, sollte klar sein, dass es darum geht, Eigenschaften zu bestimmen, die nicht von Beimischungen stammen. Trotzdem bleibt vage, was zum Beispiel die Reinheit von Wasser bedeutet, wenn allgemein von ihr gesprochen wird. Ein Ökologe versteht darunter etwas anderes als ein Chemiker. Wenn Reinheit von Wasser meint, dass es nur um die Moleküle geht, die H_2O heißen, dann spricht man von einem giftigen Stoff – und an den denkt weder ein Biologe noch ein anderer Wissenschaftler, der seinen Blick nicht nur auf das Wasser, sondern auch auf das Leben lenkt, das von ihm abhängt.

Wissenschaft kennt keine Moden

Wie soll die strenge Wissenschaft denn lockeren Moden unterliegen? Wissenschaft kennt Paradigmen und Paradigmenwandel. Wissenschaft kennt Systematik, Methoden und Fortschritte, aber keine Moden? Oder doch?

Tatsache ist, dass die Betrachter und Kommentatoren der Wissenschaft – Philosophen und Historiker zum Beispiel – viel zu lange gedacht haben, dass sie verstehen, wie Menschen bei diesem Abenteuer des Geistes vorgehen. Erst hat man gemeint, es durch eine »Logik der Forschung« zu erfassen. Dann, in den 1960er Jahren, hat man bemerkt, dass man mindestens normale Phasen der Wissenschaft von revolutionären Umschwüngen zu unterscheiden hat, in denen so etwas wie Quantentheorie und Molekularbiologie entstehen und sich die agierenden Protagonisten auf einen neuen Denkstil einigen, der als Paradigma bezeichnet wurde. Gemeint ist die Beobachtung, dass jeder tätige Wissenschaftler seine Arbeit unter bestimmten Grundannahmen verrichtet, die er nicht infrage stellt und mit seinen Kollegen teilt. Materie besteht aus Atomen, Organismen bestehen aus Zellen, Vererbung ist an Chromosomen gekoppelt, Evolution verläuft durch Mutation und Selektion – so oder so ähnlich lauten Paradigmen, mit denen gearbeitet wird. Sie halten sich zwar lange, doch ab und zu erweisen sich die darin aufgeführten Behauptungen oder Hypothesen als unzutreffend. So gilt für uns nicht mehr, was das 19. Jahrhundert noch glaubte, dass Licht eine elektromagnetische Welle ist (und sonst nichts), und es gilt auch nicht mehr, was der junge Albert Einstein noch annehmen musste, dass es nämlich nur eine Galaxie – unsere Milchstraße – gibt, die den ganzen Kosmos bildet.

Wenden der Wissenschaft

Damit kam die Idee der wissenschaftlichen Revolution in die Welt, und bei einer solch scharfen Wende wechselten die Forscher ihren Denkstil oder ihr Paradigma.

Betrachten wir ein Beispiel aus der Medizin: Die Ärzte haben viele Jahrhunderte lang angenommen, dass Gesundheit durch eine Balance von Säften bedingt sei. Dieses Denkschema, das all die Einläufe und Aderlässe zur Folge hatte, die in der Literatur überliefert sind, wird von Historikern als Humoralparadigma bezeichnet. Erst im 18. Jahrhundert, als mutige Anatomen sich mit den verbesserten Instrumenten ihrer Epoche daranmachten, Pathologen zu werden, erkannten die Wissenschaftler, dass Krankheiten mit festen (soliden) Strukturen in Verbindung gebracht werden können, und bezeichneten diese Erkenntnis fortan als Solidarparadigma.

Es empfiehlt sich übrigens zu prüfen, inwieweit man selbst einem Paradigma unterliegt und seinen Vorgaben mehr oder weniger gedankenlos folgt. Wenn zum Beispiel heute mit Vorliebe Gene als Ursachen von Krankheiten ausgemacht und die Gene gleichzeitig als partikuläre Strukturen (als »ein Stück DNA«) verstanden werden, dann drückt sich in diesem Bemühen zunächst vor allem nur die übertriebene Unterwerfung unter das Solidarparadigma aus, das mit Organen begonnen und anschließend den Weg über die Zellen nach innen bis zu den Genen gefunden hat. Die Begeisterung für das Solidarparadigma ist zudem kulturabhängig und in den USA zum

Beispiel größer als in Europa. Wer den Zusammenhang zwischen Kultur und Medizin untersucht, wird jedenfalls immer wieder bemerken, dass amerikanische Ärzte mit Vorliebe nach Viren und Bakterien als Krankheitsursache suchen, nach »Solida«, die man gezielt angreifen kann, und sich nicht mit Feststellungen wie »Herzinsuffizienz« oder »Altersschwäche« begnügen. Man ist (wissenschaftlich) zufrieden, wenn eine Seuche (wie AIDS) in einem greifbaren Punkt (einem Virus) festgestellt werden kann. (Übrigens: Virus bedeutete ursprünglich »giftiger Saft«; die hohen Künste der Biochemie und der Elektronenmikroskopie haben daraus die Partikel gemacht, die sich unserem Denken besser fügen.)

Moden

Das 1996 erschienene Buch des amerikanischen Historikers Steven Shapin, *Die wissenschaftliche Revolution*, beginnt mit dem denkwürdigen Satz, dass es »die sogenannte wissenschaftliche Revolution (...) nie gegeben« hat. »Revolution« ist in der Tat ein ungeeigneter Begriff, um die Dynamik der Wissenschaft zu erfassen. Revolutionen haben etwas Soziales an sich, und sie sind in der Wissenschaft erst vollzogen, wenn sie im Lehrbuch stehen und die neuen Regeln von allen befolgt werden. Es tauchen aber immer wieder radikale oder raffinierte Vorschläge in kreativen Individuen auf, die dadurch der Wissenschaft die eigentliche Würze geben.

Einer dieser neuen Vorschläge besteht darin, von Wenden (»turns«) zu sprechen. Jede Zeit hat ihren Geist, und gegen den ist schwer anzukommen. In den 1960er und 1970er Jahren verlangte der Geist der Zeit zum Beispiel, dass Menschen durch ihr Milieu (ihre Erziehung) geformt wurden, und die

Gene spielten keine Rolle. Doch dann drehte sich der Wind. Aus Krebs wurde plötzlich eine genetische Krankheit, und die Intelligenz von Kindern entsprang den genetischen Wurzeln der Eltern, ohne von deren Erziehung beeinflusst werden zu können. Andere Wenden betreffen die Bedeutung der Sprache – man kann unter Hinweis auf den von Ludwig Wittgenstein aufgeworfenen Begriff der Sprachspiele von einer linguistischen Wende der Wissenschaft sprechen, die die Naturforschung aber längst hinter sich gelassen hat, um in unserer heutigen Zeit zu der Sprache der Bilder zu finden. Wir erkennen durch Bilder und verwalten unser Wissen mit diesem Medium, was zu dem Begriff des »pictorial« oder »iconic turn« geführt hat, den die Betreiber der Wende zum Bild inzwischen auch in der deutschen Sprache verwenden. Wir machen uns bevorzugt Bilder von den komplexen Vorgängen in einer Zelle, und wir suchen nach der grafischen Darstellung von Unbestimmtheit oder Superposition, die zum Verstehen der Atome gehören.

Mit den »turns« nähern wir uns den Moden, die man an Beispielen aus der Naturwissenschaft vorstellen kann, denen derzeit gerade weitere hinzugefügt werden. Unübersehbar eine Mode ist die höchst populäre Nanotechnologie, bei der es um Objekte im Bereich von Nanometern – dem tausendsten Teil des tausendsten Teils eines Millimeters – geht und deren Aktivitäten in aller Munde sind. Nano ist Mode etwa seit 2002, als das Bundesministerium für Bildung und Forschung (BMBF) mitteilte, die Förderung der Nanotechnologie um 221 Prozent (!) erhöht zu haben. Dieser astronomische Zuwachs hat nichts mit einer Idee, sondern vor allem mit einer Etikettierung zu tun. Was bis dahin als »chemische Verfahrenstechnik« oder unter einem anderen Namen zwar solide, aber ohne besondere Aufmerksamkeit und ohne große

Aufregung erforscht worden war, bekam nun einen attraktiven Namen, der mehr aus der Sciencefiction-Literatur bekannt war, der sich als medientauglich erwies und an den sich verschiedene Heilserwartungen knüpften. Plötzlich war alles »nano« (vom griechischen Wort für Zwerg), und wer das Wort verwendete, bekam Geld vom Ministerium und die Aufmerksamkeit der Medien – und beides in Hülle und Fülle.

Ähnliches erlebten auch Bioinformatiker, die eine Modewissenschaft zur gleichen Zeit etablierten und dabei mit der Systembiologie konkurrierten. Beide Bereiche priesen sich als interdisziplinär, spielten aber nur mit modischen Abläufen und alten Ideen – die Systembiologie etwa mit dem großzügig als innovativ verkündeten Gedanken, Organismen in ihrer Gesamtheit verstehen zu wollen. Das klingt alles nach Goethezeit, was auf keinen Fall als Kritik am 18. Jahrhunderts misszuverstehen ist.

Die Medizin produzierte eigene Moden, etwa indem sie eine auf Evidenz basierende Medizin ins Leben rief, obwohl dies für Außenstehende eher den Eindruck erwecken musste, dass man vorher ohne Evidenz – etwa für die Wirkung einer Therapie – ausgekommen war und ohne irgendwelches Wissen vor sich hin gearbeitet hatte. Was die Genetik angeht, so haben ihre inzwischen reichlich vorhandenen Bioinformatiker zwar fleißig den Aufbau von zahlreichen zellulären Erbanlagen ermittelt – in Fachkreisen spricht man von Genomsequenzen –, aber die Menge der Einsichten hat mit der Datenexplosion nicht mitgehalten. Deshalb wenden sie sich den chemischen Markierungen und anderen Modifikationen von Genen zu und bauen eine Epigenetik auf, die sich um die biologisch relevanten Informationen der Erbanlagen kümmert, die nicht in den ursprünglich ermittelten Gensequenzen stecken. Damit ist ganz sicher ein wichtiger neuer Aspekt in die Wissenschaft vom Leben gekommen. Aber als Mode kommt die Epigenetik derzeit auch daher, denn in diesen Tagen benutzt jeder Biologe diesen Begriff, vor dem man sich kaum noch retten kann. Ist deswegen aber alles schon »nano«?

KULTURELLES

Die Naturwissenschaften haben
keinen Einfluss auf die Kultur

Für die hoffentlich zahlreichen Menschen, die der Ansicht
sind, dass die Naturwissenschaften zur Kultur gehören, wirkt
die Überschrift natürlich bedeutungslos oder vielleicht auch
nur kokett. Aber es gibt eben sehr viele Personen – vor allem
im Land der Dichter und Denker und leider allzu oft in den
politischen Abteilungen der Medien –, denen zwar bei dem
Wort Kultur Opern, Museen, Romane, Theater und Kam-
merkonzerte einfallen, jedoch die Physik, Informatik, Chemie
oder Immunbiologie völlig außer Betracht lassen. Und wenn
sie zufällig hören, dass aus dem Wirken der letztgenannten
Disziplinen die gesamte Kultur der bewunderten Kunstwerke
beeinflusst wird, so werden sie ungläubig den Kopf schütteln.
Wer aber so denkt, sollte schleunigst umlernen, wie an einigen
Beispielen aufgezeigt werden soll.

»Hoffmanns Nacht und Newtons Licht«

Bei einem so umfassenden Thema wie der Kultur ist man
wahrscheinlich gut beraten, schwere Geschütze aufzufahren,
weshalb es sich empfiehlt, auf Isaac Newton und seine mathematische Begründung der Mechanik zurückzugreifen, die im
späten 17. Jahrhundert erschien und mit den ersten beiden Begriffen ihres Titels, *Principia Mathematica*, berühmt wurde.
Newton leitet in seiner Naturlehre unter anderem die Gesetze
der Bewegung – zum Beispiel »Kraft gleich Masse mal

Beschleunigung« – ab, führt die Konzepte der Massenanziehung und der Trägheit ein und gibt dem ganzen Weltgeschehen eine Bühne, die er als absoluten Raum und absolute Zeit bezeichnet. In diesem Rahmen bewegen sich die als ideale Massepunkte gedachten Gegenstände auf Bahnen, die nach den von Euklid stammenden Regeln der Geometrie zu berechnen sind und sich also seit der Antike bewährt haben.

So sehr Newtons Physik heute den Eindruck einer einfachen Darstellung des mechanischen Geschehens erweckt, mit dem Bälle, Kugeln und andere Gegenstände wie etwa unsere Autos erfasst werden, für den Philosophen Immanuel Kant lieferte Newtons Physik mehr als nur eine Erklärung der Bahnen von Planeten und Kanonenkugeln. Für ihn zeigte sich im Erfolg der von Newton ersonnenen Prinzipien – sie konnten zum Beispiel erklären, wie die Gezeiten zustande kommen, und die nicht ganz runde Form der Erde ableiten –, dass hier allgemeine Eigenschaften des menschlichen Denkens am Werk waren. Als Kant seine berühmte Theorie des Erkennens, seine *Kritik der reinen Vernunft*, schrieb, da erhob er die (speziellen) Voraussetzungen der Physik Newtons zu den (allgemeinen) Voraussetzungen der menschlichen Vernunft. Er erklärte Raum und Zeit zu Kategorien, die uns vor jeder Erfahrung – *a priori* in Kants Worten – gegeben sind, und setzte zudem die Gültigkeit der euklidischen Geometrie als unverrückbar – als wahr – fest.

Mit anderen Worten, die *Kritik der reinen Vernunft* ist eher eine »Kritik der Newton'schen Mechanik«, sodass man auf jeden Fall festhalten kann, dass hier unübersehbar ist, wie der Erfolg in der Naturwissenschaft philosophische – also eindeutig kulturelle – Folgen hat.

Diese Einsicht bereitet den Boden für eine viel dramatischere Folge der *Mathematischen Prinzipien der Naturlehre*, die im 18. Jahrhundert bei den Menschen nach und nach den Eindruck weckte, hier habe einer bewiesen, dass der ganze Kosmos einem einzigen Naturgesetz unterliegt. Newton zeigte uns die Welt als geschlossenes Ganzes, das klar gelenkt abläuft und keine Tür mehr zulässt, die zu einem Geisterreich führen könnte, wie es der Literaturwissenschaftler Peter von Matt in seiner Abschiedsvorlesung mit dem Titel »Hoffmanns Nacht und Newtons Licht« genannt hat, die man in seinem Buch *Öffentliche Verehrung der Luftgeister* nachlesen kann. Diese Abriegelung zeitigte historische und kulturelle Folgen, denn »die phantastische Literatur antwortet auf den Totalitätsanspruch des Newton'schen Lichts«, wie von Matt schreibt. Die phantastische Literatur, die in der Mitte des 18. Jahrhunderts auf dem Höhepunkt des Newton-Kults begann, setzt nämlich den Erfolg der mathematischen Physik voraus. Der Literaturwissenschaftler spricht »von der totalitären Lichtkugel der Newton'schen Welt« und betont, »die epochale Leistung E.T.A. Hoffmanns [etwa mit seinen *Elixieren des Teufels*] besteht darin, dass er den Riss durch Newtons Kugel als Erfahrung einzelner Menschen inszeniert, welche lange Zeit und oft bis zuletzt nicht wissen, was ihnen geschieht«.

Sein und Schein

Gestattet sei an dieser Stelle der Sprung an das Ende des 19. Jahrhunderts, als »eine neue Art von Strahlung« beschrieben wurde, die nach ihrem Entdecker Röntgenstrahlung genannt wurde. Als Wilhelm Conrad Röntgen 1895 seine durchdringenden und anwendungsfähigen Lichtenergien beobachtete, gab es aus der Physik viele Hinweise auf weitere Strahlungen, die sich zwar wie das sichtbare Licht als elektromagnetische Welle ausbreiten, dem Auge aber verborgen bleiben. Gemeint sind Radiowellen, Gammastrahlen (von radioaktiven Elementen), kosmische Höhenstrahlen. Das sichtbare Licht mit seinem Farbspektrum von Rot über Gelb und Grün zu Blau und Violett stellt nämlich nur einen winzigen Ausschnitt aus dem gesamten Angebot an Strahlung dar, über das die Natur verfügt. Diese Einsicht bringt eine Neuorientierung der Kunst mit sich, wie die folgende Gedankenkette verdeutlicht.

Mit der Entdeckung der Röntgenstrahlen wird überdeutlich, dass die uns umgebende Wirklichkeit anders *ist*, als sie *aussieht*. Wer die Welt jetzt so zeigen will, wie sie ist, darf sie nicht mehr so zeigen, wie sie aussieht. Er muss sie also anders zeigen, als sie aussieht, und das geht nur, wenn er sie neu erfindet. Mit anderen Worten, wer nach der Entdeckung von unsichtbaren Strahlen durch ein Bild etwas darüber ausdrücken will, wie die Welt ist, muss andere Formen als die nutzen, die uns vor Augen liegen. Das Ergebnis ist als Weg der Kunst in die Abstraktion bekannt. Dass die Wissenschaft als Quantenmechanik den analogen Pfad verfolgt, macht die gemeinsame Geschichte von Kunst und Wissenschaft nur spannender. Nur in ihr können wir sehen, wie sich unsere Kultur entwickelt.

Wissenschaft ist keinesfalls romantisch

Wer sich auf das Romantische einlässt, sollte dies sorgfältig und philologisch abgesichert tun. Wir wollen uns hier an einem Satz von Novalis orientieren, der selbst von Literaturwissenschaftlern als »die beste Definition des Romantischen« bezeichnet worden ist und klare Vorgaben nennt. Novalis verwendete als Erster das Symbol der blauen Blume der Romantik in seinem Fragment gebliebenen Roman *Heinrich von Ofterdingen*. Dort ist zu lesen: »Indem ich dem Gemeinen einen hohen Sinn, dem Gewöhnlichen ein geheimnisvolles Ansehen, dem Bekannten die Würde des Unbekannten, dem Endlichen einen unendlichen Schein gebe, romantisiere ich es.«

Wer nun überlegt, wo er diese vier Handlungsmöglichkeiten im eigenen Leben einsetzen kann, der wird zwar an viele Bereiche des Alltags denken, jedoch den der Naturwissenschaften höchstwahrscheinlich unbeachtet lassen. Im Bereich der Physik, Chemie, Biologie und all den anderen naturwissenschaftlichen Disziplinen erwarten wir systematisches Vorgehen, rationale Analyse und ähnliche Qualitäten, aber beileibe keine Romantik!

Kein Irrtum könnte größer sein als dieses leichtfertige Vorurteil, wie im Folgenden gezeigt werden soll. Die Naturwissenschaften romantisieren die Welt, wenn die Worte von Novalis zutreffend beschreiben, was mit dieser Geisteshaltung gemeint ist, die Ende des 18. bis Mitte des 19. Jahrhunderts wirksam war. Etymologisch gesehen kommt der Ausdruck »Romantik« von der Bezeichnung »lingua romana«, also von

Schriften, die in der Volkssprache der romanischen Länder verfasst waren. Diese bildeten einen Gegensatz zu den zuvor üblichen, in »lingua latina« geschriebenen Texten. Aus »lingua romana« entstand dann der Ausdruck »Roman«, der für den Begriff »romantisch« prägend wurde. In diesem Sinne bedeutet Romantik Abwendung von der Antike und den klassischen Vorbildern und Hinwendung zur eigenen Kultur und Geschichte, zur Sagen- und Mythenwelt des Mittelalters.

Die Würde des Unbekannten

Wer »dem Bekannten die Würde des Unbekannten« geben kann, der romantisiert. Es mag zwar überraschend klingen, aber genau darin besteht ein wesentlicher Aspekt der Naturwissenschaft. Warum dies der Fall ist, hat unter anderem Karl Popper, der Philosoph des kritischen Rationalismus, beschrieben. In seinen Schriften hat er mehrfach darauf hingewiesen, dass die Tätigkeit von Naturwissenschaftlern darin besteht, etwas, das man sieht – das Bekannte –, durch etwas zu erklären, das man nicht sieht – das Unbekannte. Betrachten wir einige Beispiele: Das (sichtbare) Fallen eines Steins etwa wird seit Isaac Newton durch die (unsichtbare) Gravitation erklärt, die von Massen ausgeht, und das (sichtbare) Ausrichten einer Kompassnadel kann auf das (unsichtbare) Magnetfeld der Erde zurückgeführt werden. Das Bekannte – das Fallen und das Drehen – bekommt sogar die Würde des Unbekannten, denn wie das Schwerefeld der Erde die Gravitationskraft zustande bringt und wie unser rotierender Planet zu seinem Magnetfeld kommt, bleibt der Forschung immer noch verborgen, auch wenn die fraglichen Phänomene quantitativ erforscht werden konnten.

Übrigens – die Idee des Magnetfelds geht auf das englische Multitalent Michael Faraday zurück, der im Zeitalter der Romantik lebte und wirkte. Dass es romantische Dichtung und Philosophie gibt, glauben wir sofort, auch ohne dies im Detail – etwa an der Definition des Novalis zu prüfen. Dass auch ein Wissenschaftler romantisch vorgehen – und dabei Erfolg haben kann – nehmen wir kaum zur Kenntnis, obwohl es sich durchaus lohnt. Zum Romantischen gehört – in Einklang mit den Worten von Novalis – die Überzeugung, dass es ein Gesetz der Polarität gibt. Zu jeder Kraft und jedem Stück gibt es eine Gegenkraft beziehungsweise ein Gegenstück, und als Beispiele werden gern das Wachen und Schlafen und damit die Tag- und Nachtseite des Denkens angeführt. Bei Faraday kann man die romantische Lust nach Spiegelsymmetrie ganz konkret feststellen. Denn nachdem man 1820 entdeckt hatte, dass ein elektrischer Strom ein Magnetfeld produziert, versuchte Faraday – aus romantischer Überzeugung heraus –, das Gegenstück zu erreichen, das heißt, mit einem Magnetfeld einen elektrischen Strom in Bewegung zu setzen. Zwar musste er lange probieren, aber 1831 hatte er endlich Erfolg, und seitdem wissen wir, wie man Strom generiert, nämlich durch elektromagnetische Induktion. Wer heute ein Licht oder einen Computer einschaltet, nutzt eine romantische Entdeckung, und es wäre schön, wenn man sich wenigstens beim Ausschalten an diesen Gedanken erinnert.

Ein geheimnisvolles Ansehen

Kommen wir zu einer weiteren Forderung von Novalis, die wir ebenso leicht mit naturwissenschaftlichen Erfahrungen erfüllen können. Erinnern wir uns an das »Wunderjahr« 1905 von

Albert Einstein. Die erste und wirklich revolutionäre Arbeit, die Einstein 1905 vorlegte, machte deutlich, dass Licht als Welle sowie als Teilchen in Erscheinung treten kann. Wir nehmen diese Einsicht heute unaufgeregt zur Kenntnis und zähmen sie mit dem Wort von der Dualität des Lichts. Für Einstein brach damals aber das ganze Gebäude der Physik zusammen, schließlich hatte er nicht das Licht erklärt, sondern dass sich Licht nicht erklären lässt. Denn wenn etwas Welle und Teilchen zugleich sein kann, dann vermag man zwar alles Mögliche darüber herauszufinden – beim Licht die Wellenlänge, die Geschwindigkeit, die Polarisation und vieles mehr –, man ist nur nicht mehr in der Lage zu sagen, was es eigentlich ist.

Mit anderen Worten, Einstein hat »dem Gewöhnlichen«, dem Tageslicht, »ein geheimnisvolles Ansehen« gegeben. Er hat gezeigt, dass Licht bei aller wissenschaftlichen Durchleuchtung ein Geheimnis bleibt. Und wenn ihn das zunächst auch verwirrte und ärgerte, so machte er zuletzt doch mit dieser Romantisierung seinen Frieden, indem er sagte: »Das Schönste, was wir erleben können, ist das Geheimnisvolle. Es ist das Grundgefühl, das an der Wiege von wahrer Wissenschaft und Kunst steht.«

Dem Endlichen einen unendlichen Schein geben

Wenden wir uns nun der Forderung von Novalis zu, »dem Endlichen einen unendlichen Schein« zu geben, und fragen wir, ob die Naturwissenschaften auch dazu in der Lage sind. Es wird an dieser Stelle niemanden überraschen, wenn er erfährt, dass die Antwort Ja lautet. Die konkrete Lösung steckt erneut im Licht, wobei es diesmal nicht um seine Natur, sondern um seine Bewegung geht. Wir wissen, dass Sonnenstrahlen von einem Spiegel reflektiert werden und dass dabei physikalische Gesetze gelten. Der Ausfallswinkel muss zum Beispiel gleich dem Einfallswinkel sein. Doch so öde und banal das klingt: Zu verstehen, warum das Licht sich so verhält, wenn es auf einen Spiegel oder eine andere Oberfläche trifft, hat die Physiker viel Zeit und Mühe gekostet. Wirklich gelungen ist ihnen das erst nach dem Zweiten Weltkrieg im Rahmen einer Theorie, die den Namen Quantenelektrodynamik trägt, abgekürzt QED. Ein Physiker kann genau zeigen, was passiert, wenn das Licht mit seiner Doppelnatur auf eine feste Oberfläche trifft, die zwar glatt aussieht, es vom Standpunkt ihres atomaren Aufbaus aber nicht ist. Wenn die Lichtteilchen auf die keinesfalls glatten Atome und Elektronen des Materials treffen, aus dem ein Spiegel besteht, dann ist das etwa so, als ob ein Tennisball auf ein Kopfsteinpflaster auftrifft, und das heißt, dass überhaupt nicht klar ist, in welche Richtung er springt.

Beim Licht ist es aber oberflächlich klar. Es agiert nach dem erwähnten Reflexionsgesetz, was die tiefer gehende Frage aufwirft, wie dies vom atomaren Standpunkt aus zustande kommen kann. Die Antwort liefert die erwähnte Theorie QED, und sie tut dies auf eine romantische Art und Weise. Sie erlaubt den Lichtteilchen nämlich, alle möglichen Wege (also unendlich viele) zu gehen, und zeigt, dass die äußeren Bedingungen dafür sorgen, dass die innere Unendlichkeit nur Schein bleibt und sich ihre Anteile gegenseitig aufheben. Zu jedem Weg findet sich ein Gegenweg – mit einer Ausnahme, und das ist der Pfad, der übrig bleibt und gesehen wird.

Übrigens gibt die Physik der Atome »dem Endlichen einen unendlichen Schein« ganz allgemein. Denn in der als Quantenmechanik bezeichneten Theorie der Mikrowelt geht es weniger um vorgefundene Wirklichkeiten als vielmehr um ihr Gegenstück, um die auszulösenden Möglichkeiten. Davon gibt es beliebig viele, wodurch uns die ganze Unendlichkeit des Werdens zur Verfügung steht, die unsere Zukunft so offen macht wie die Fenster, an denen die Menschen auf romantischen Bildern so gern stehen, um in die Richtung ihrer Sehnsucht zu schauen. Die Physiker wissen allerdings, dass sie an dem Ziel nur ankommen, wenn sie systematisch vorgehen. Ohne ihr technisches Gegenstück nützt alle Romantik bei allem Schwärmen nichts, wie wenigstens einmal angemerkt werden sollte.

Dem Gemeinen einen hohen Sinn geben

Ein Grund dafür, dass wir uns die erste Forderung des Novalis bis zuletzt aufgehoben haben, liegt in dem schwierigen Begriff des Sinns, den die Naturforschung gern meidet. Sie bemüht sich um kausale und objektive Erklärungen der Dinge und versucht, das Subjekt und seine Bewertungen von ihren Theorien fernzuhalten. Ein Biologe etwa fragt höchstens nach der evolutionären Herkunft eines genetischen Moleküls – einer DNA-Sequenz – und nicht nach ihrem Sinn. Er versucht natürlich, die Aufgabe oder Funktion der von ihm analysierten Struktur zu erfassen, aber von Sinn spricht man in seinen Kreisen eher weniger, und zwar aus gutem Grund. Für einen Naturforscher hat es erst dann Sinn, über den Sinn zu sprechen, wenn das Ganze bekannt und verstanden ist, dem er seine Aufmerksamkeit widmet. Wer von Sinn spricht, stellt eine Verbindung her zwischen der Sache, um deren Sinn es geht, und der Absicht, sie herzustellen. Das klingt zwar leicht, macht einem Naturwissenschaftler aber Sorgen, weil er nicht sicher ist, die Sache so gut zu kennen, wie es sein sollte.

Man kann aber annehmen, dass dies gelungen ist, beispielsweise wenn man als Historiker die Wissenschaft selbst betrachtet und dabei nicht nur ihre Leistungsfähigkeit, sondern auch ihren Sinn erkennt. Die Naturwissenschaften sind in ihrer modernen Form im 17. Jahrhundert aufgekommen, und die Absicht ihrer Vertreter bestand darin, die Lebensbedingungen der menschlichen Existenz zu erleichtern. So lässt Brecht es seinen Helden im *Leben des Galilei* sagen, und so dachten viele Wegbereiter der Wissenschaft von Francis Bacon über Johannes Kepler bis zu René Descartes. Konkret beschäftigt waren sie aber mit gemeinen Dingen – Glas schleifen, Erbsen zählen, Berechnungen anstellen, Volumina messen, Entfernungen bestimmen –, tatsächlich geschaffen haben sie etwas Sinnvolles, nämlich die westliche Wissenschaft, die Europa auf seinen Sonderweg zum Wohlstand gebracht hat, den wir gerne genießen.

Wir können übrigens weite Teile der Geschichte der Naturwissenschaft als ein Vorgehen deuten, bei dem es gelingt, »dem Gemeinen einen hohen Sinn« zu geben, indem wir anmerken, dass Forschen zu einem großen Teil darin besteht, Daten zu sammeln und Messungen vorzunehmen, die anschließend in einem theoretischen Rahmen ihre Bedeutung bekommen und ein als sinnvoll erlebtes Weltbild liefern. Das Beobachten von Tieren und Pflanzen und die Auflistung ihrer geografischen Verteilung haben zum Gedanken der Evolution geführt, ohne den die Wissenschaft vom Leben keinen Sinn ergibt. Und die Analyse des Lichts, das Elemente (Gegenstände) aussenden, hat zu einem Verständnis von Atomen geführt, das der Forschung der Physiker eine neue Richtung – einen neuen Sinn – gab. Das Sammeln der Daten führt offenbar in der Wissenschaft immer wieder zu einem hohen Sinn.

Romantische Atomphysik

Wie sich im Anschluss an Einstein herausstellte, gibt es die Bahn eines Elektrons in einem Atom in der physikalischen Wirklichkeit (»da draußen«) überhaupt nicht. Vielmehr existierte sie nur im Kopf der Physiker (»»da drinnen«). Die Bahn eines Elektrons entsteht erst dadurch, dass jemand sie beschreibt, wie Werner Heisenberg es 1925 gewagt hat. Seitdem bekommen die Gegebenheiten auf der atomaren Bühne – man darf nicht mehr von »Gegenständen« sprechen, und man scheut sich, »Mitspieler« zu sagen – ihre Qualitäten erst durch einen Beobachter und durch den Vorgang der Beobachtung. Das agierende Subjekt findet vor allem, wonach es gefragt hat, und so steckt in der Physik der Atome genau das, was bereits in dem Distichon vom Mai 1798 zu lesen ist, das Novalis im Rahmen der Vorarbeiten zu den *Lehrlingen zu Sais* geschrieben hat und in dem er die bekannte Hebung des Schleiers nicht im Tod enden lässt:

> Einem gelang es – er hob den Schleyer der
>   Göttin zu Sais –
> Aber was sah er? er sah – Wunder des Wunders –
>   sich selbst.

Es muss für Physiker, die am Anfang des 20. Jahrhunderts die Quantentheorie entworfen haben, ein wundersames Erlebnis gewesen sein, als sie merkten, dass sie zwar immer tiefer in die Atome – und damit in das Innere der Welt – eindringen konnten, dass sie bei dieser Reise aber nicht mehr auf objektive Gegebenheiten oder mathematische Strukturen trafen, sondern auf sich selbst, auf ihre eigene Geschichte. Sie machten die Erfahrung, die Novalis in der Antwort auf die

Frage »Wo gehen wir denn hin?« gegeben hat: »Immer nach Hause.«

Mit diesen Erfahrungen fällt es schwer, nicht an Novalis' Roman *Heinrich von Ofterdingen* zu denken, und zwar an die Stelle, an der sich Heinrich einem Bergmann anvertraut und ihm in eine Höhle folgt. Im Inneren dieser konkreten Welt treffen die Suchenden und Erkundenden – wie die Quantenmechaniker – auf keine abstrakte Leere, sondern auf eine persönliche Fülle. Sie begegnen einem Einsiedler, der ein Buch bei sich hat, »das in einer fremden Sprache geschrieben war«. Als Heinrich sich das Buch und seine Bilder näher anschaut, »entdeckte er seine eigene Gestalt ziemlich kenntlich unter den Figuren. Er erschrak und glaubte zu träumen, aber beim wiederholten Ansehen konnte er nicht mehr an der vollkommenen Ähnlichkeit zweifeln.«

An dieser Stelle scheint die Quantenmechanik ihre poetische Form gefunden zu haben – mehr als zweihundert Jahre, bevor sie eine mathematische Fassung erhielt, die übrigens ohne imaginäre Dimensionen (im mathematischen Sinn) nicht auskommt. Die Realität lässt sich nur unter einem imaginären Blickwinkel erfassen – eine Einsicht, die außerhalb der Physik nur wenig bedacht und genutzt wird.

Die Revolution der Romantik und der Wissenschaft

Wer besser verstehen möchte, wie Romantik und Wissenschaft zusammenhängen, sollte auf Isaiah Berlins *Die Wurzeln der Romantik* zurückgreifen. Dem Philosophen und Ideenhistoriker Berlin geht es in seinen Schriften weniger um naturwissenschaftliche als vielmehr um ethische Fragen. Entscheidend ist für ihn, dass zu Beginn des 19. Jahrhunderts die traditionelle Überzeugung aufgegeben wurde, der zufolge man – etwa mit den Mitteln der Ethik – herausfinden kann, was die menschliche Natur ist, um ihr anschließend – mit den Mitteln der Politik – Rechnung zu tragen. Es war die Zeit der Romantik, in der einige Intellektuelle die entscheidende Umkehrung im Denken vollzogen, die zu der korrekten Ausgangsposition führt, dass Fragen nach dem rechten Handeln ohne eindeutige Antwort bleiben können und es weder objektive noch subjektive Gründe für entsprechende Entscheidungen gibt. Die Romantiker erkannten, dass sich sittliche Werte widersprechen können, ohne dass dabei Alternativen zu erkennen seien. Diesen Schritt haben die Physiker zweihundert Jahre später in der Sphäre ihrer Zuständigkeit vollzogen, als sie zum Beispiel erkannten, dass Fragen nach der Natur des Lichts ohne eindeutige Antwort bleiben können.

Zu den Geburtshelfern der von Berlin skizzierten romantischen Wende gehört Immanuel Kant, der in seinen Schriften fragte, was der Mensch tun soll und ihm die Freiheit der Wahl gibt. Kant machte den Menschen auf diese Weise zum Urheber seiner eigenen Wertvorstellungen. Bei ihm ist ein Wert etwas, das sich ein Mensch gezielt vorgibt, und nicht etwas, über das er zufällig stolpert. Wertvorstellungen sind keine Naturprodukte, die eine Wissenschaft – etwa die Ethik oder die Soziologie – studieren könnte, sondern Ausdruck freien Handelns und damit des menschlichen Schöpfertums.

Diesen letzten Schluss haben aber erst die Denker der Romantik vollzogen. Ihre philosophischen Vertreter erhoben die Sittlichkeit zum schöpferischen Vorgang, und sie orientierten sich bei diesem Vorgehen am Modell der Kunst. Kreatives Tun – Schöpfung – ist in den Augen der Romantik die durchgängig selbstbestimmte Aktivität des Menschen, bei der ihm die Selbstbefreiung von den kausalen Gesetzen der Physik und den Mechanismen der äußeren Welt gelingt. Indem die Romantiker den Blick auf die Kunst richteten und das Wesen des Menschen in seiner selbstbestimmten Tätigkeit sahen, zerstörten sie die alten Werte der europäischen Sittlichkeit. Wir sind nicht dadurch wir selber, dass wir logisch agieren oder uns der Natur fügen. Wir sind erst dann wir selber, wenn wir etwas kreieren. In diesem Modell ist die Natur nicht mehr Mutter oder Gebieterin, sondern das Gegenstück zum menschlichen Tun und Denken. Natur ist das, dem wir unseren Willen aufzwingen können. Sie ist der Gegenstand, den wir formen, dem wir eine Form verleihen können.

Genau diesen Schritt konnten, wie oben erwähnt, zu Beginn des 20. Jahrhunderts die Quantenphysiker tun. Die Beobachter geben einem Elektron die Bahn, auf der es sich bewegen kann vor. Sie berechnen (formen) seinen Weg und entwerfen auf diese Weise die Gestalt eines Atoms und dann die aller Elemente, die das Periodische System ausmachen. Die Wissenschaftler bestimmen sogar deren Bindung und damit den Zusammenhang der Welt. Sie entwerfen die Natur, die sie selbst sind. Wir sind *natura naturata* (geschaffene Natur) und *natura naturans* (schaffende Natur) in einem, ganz so, wie es den Denkern der Romantik vertraut war. Wer romantisch denken möchte, kann es in der modernen Wissenschaft lernen. Wir sollten uns ihr allein deswegen öffnen. Dann kommen wir zu uns selbst.

Die Wissenschaft ist für ihre Folgen verantwortlich

Der Satz klingt überzeugend, und er stammt von einem Mann, der allgemein sehr hoch geschätzt wird:»Es gibt eine moralische Einsicht, der ich mich nicht habe entziehen können«, verkündete der Physiker und Philosoph Carl Friedrich von Weizsäcker 1980 in einem Vortrag, mit dem er »Rechenschaft über die eigene Rolle« ablegen wollte, die er bei der Entwicklung sowohl der Kernphysik als auch der Atombombe gespielt hatte. Er betonte, nur um dieser moralischen Einsicht wegen »halte ich die heutige Rede. Sie heißt, in einem Satz zusammengedrängt: Die Wissenschaft ist für ihre Folgen verantwortlich.«

Obwohl dieser Satz vermutlich die allgemeine Zustimmung des Publikums fand und auch heute noch ohne Zögern akzeptiert wird, gibt die Formulierung wegen ihrer Unbestimmtheit zu Skepsis Anlass. Auf der einen Seite ist der Satz trivial. Denn wenn die Folgen der Wissenschaft Luxus und Wohlergehen sind, wird niemand nach der Verantwortung fragen. Und wenn die Forschung Schäden und Probleme mit sich bringt, kann unsere Gesellschaft nur wieder mit wissenschaftlichen Mitteln reagieren. Zur Wissenschaft gibt es in unserem Kulturkreis keine Alternative, und wenn überhaupt, dann können wir nur bei ihr auf eine Antwort hoffen und damit von Ver*antwort*ung reden.

Auf der anderen Seite ist von Weizsäckers Formulierung genau genommen unzutreffend. Denn »die Wissenschaft« ist keine Person, und nur Menschen können moralische Verantwortung übernehmen. Sie tun dies, allgemein ausgedrückt, wenn sie so gut wie möglich beurteilen, was die Konsequenzen ihrer Handlungen sind, und nach den dabei gewonnenen Einsichten handeln. Da aber alle Wissenschaftler wenigstens im Prinzip so vorgehen, wird von Weizsäckers Satz wieder völlig selbstverständlich, und das eigentliche Problem, die Bewertung der konkreten wissenschaftlichen Befunde und der daraus sich ergebende Entschluss zum Handeln, kommt gar nicht erst in den Sinn.

Es bleibt zudem unklar, was »die Folgen« sein sollen, für die »die Wissenschaft« zuständig sein soll. Die Folgen der Tatsache, dass unsere christlich-abendländische Gesellschaft Wissenschaft treibt oder fördert, sind die Möglichkeiten, die für uns auf diese Weise geboten werden. Bäcker liefern Brötchen, und Wissenschaftler liefern Möglichkeiten, deren Nutzung Veränderungen nach sich zieht, und zwar Veränderungen der Bedingungen, unter denen eine Gesellschaft wie die unsere lebt, die Wissenschaft nutzt. Mit anderen Worten, die Folgen der Wissenschaft nennen wir unsere Geschichte, und für die sind alle Menschen gemeinsam verantwortlich.

Diese Einsicht ist nicht neu und spätestens seit dem Beginn des 19. Jahrhunderts bekannt. Sie gehört aber nicht zur Bildung, und man hört sie nur dann von Intellektuellen, wenn die Naturwissenschaften nicht erwähnt werden. Dass ihre Disziplinen etwas mit unserer Geschichte zu tun haben, wirkt bis heute für viele Historiker fremd. Sie kümmern sich lieber um politische und militärische Strategien und lassen den wissenschaftlichen Hintergrund unbeachtet. Tatsächlich wird in den Geschichtsbüchern so getan, als ob die Welt ohne Physik, Chemie und Biologie auskommt. Hier verlangt ein doppeltes Ungleichgewicht nach Ausgleich. Unsere Geschichte kann man nicht ohne Beitrag der Wissenschaft verstehen, und die

Wissenschaft kann auf viele ihrer Fragestellungen nicht einge-hen, wenn sie die Geschichte ihrer Gegenstände nicht zur Kenntnis nimmt.

Die Geschichte formt die Wissenschaft, und die Wis-senschaft formt die Geschichte. Solch eine doppelte Sicht ist charakteristisch für die Epoche, die wir als Epoche der »Ro-mantik« bezeichnen und in der auch der Philosoph Georg Wilhelm Hegel lebte, der in der Geschichte mehr als eine Folge von Ereignissen sah, die in Chroniken festgehalten wer-den. Geschichte findet nicht statt, Geschichte wird gemacht, und zwar mit den Mitteln der Wissenschaft, für die dann alle Menschen zusammen verantwortlich sind und nicht nur ein Teil von ihnen. Indem von Weizsäcker die Gruppe der For-scher unter allen heraushebt, fällt er hinter die Romantik zu-rück und entbindet zudem die Nicht-Wissenschaftler – die Öffentlichkeit – von jeder Verantwortung. Er erteilt dem Pu-blikum die Absolution. Das Ozonloch, das Wald- und Arten-sterben, der saure Regen, der Unfall im Atomkraftwerk, die übereilten Versuche bei der Gentherapie – dafür ist nun allein »die Wissenschaft« verantwortlich. Die Öffentlichkeit kann sich beruhigt zurücklehnen und schimpfen. Sie hat nichts da-mit zu tun. Kein Wunder, dass sie dem populistischen Philo-sophen von Weizsäcker zustimmt und applaudiert.

Einzelne Wissenschaftler

Carl Friedrich von Weizsäcker hätte seinen gefährlich einlul-lenden Satz wie folgt formulieren können: »Die Wissenschaft-ler sind für die Folgen ihres Tuns verantwortlich.« Dann hätte sich am Einverständnis seiner Zuhörer nichts geändert. Aber hätte die Behauptung damit mehr Bedeutung bekommen?

Was ist im Einzelfall gemeint, wenn gesagt wird, Forscher sind für die Folgen ihrer Entdeckung verantwortlich? Wofür soll zum Beispiel ein Astronom, der Sterne beobachtet und Himmelskarten erstellt, verantwortlich sein außer für die Zuverlässigkeit und Vollständigkeit seiner Protokolle? Und wie viel mehr Verantwortung übernimmt demgegenüber eine Genetikerin, die nach einer Genvariante sucht, die für ihre Trägerin mit großer Wahrscheinlichkeit Brustkrebs zur Folge hat? Ist sie zugleich auch für die Hilflosigkeit verantwortlich, mit der die Öffentlichkeit auf das dann mögliche Angebot reagiert, einen prädiktiven Gentest für Brustkrebs durchzuführen? Bleibt ihr überhaupt eine Wahl? Lädt sie nicht mehr Verantwortung auf sich, wenn sie sich entschließt, die Suche nach dem Brustkrebsgen einzustellen, weil sie meint, die Gesellschaft könne mit diesem Wissen noch nicht umgehen?

War zum Beispiel Albert Einstein für seine weltberühmte Formel $E = mc^2$ verantwortlich, die preisgab, wie viel Energie in der Materie steckt? Die Gültigkeit von Einsteins Formel wurde unübersehbar, als die erste Atombombe zündete. War Einstein dafür verantwortlich? Immerhin hat er dem amerikanischen Präsidenten Roosevelt geraten, sie zu bauen, bevor es die Deutschen für Hitler taten. Oder ist die westliche Gesellschaft für die Bombe verantwortlich, denn es waren schließlich demokratisch gewählte Regierungen, die sie in Auftrag gaben.

Die von Einstein abgeleitete Beziehung zwischen Masse und Energie war die Folge seines Handelns, das ein Nachdenken über die Frage war, wie der Energiegehalt eines Körpers von seiner Trägheit abhängt. Es waren weltferne Fragen, mit deren Hilfe Einstein seine berühmte Formel nicht gesucht, wohl aber gefunden hat, und zwar als er sechsundzwanzig Jahre alt und Angestellter an einem Patentamt war. Niemand wird einen heutigen oder künftigen Einstein daran hindern können, über esoterisch anmutende und meilenweit von jeder Anwendung entfernt scheinende Fragestellungen nachzudenken, und niemand kann garantieren, dass dabei nicht ähnlich tiefgreifende Zusammenhänge erkennbar werden, die neben ihren großen Einsichten auch große Risiken mit sich bringen. Es liegt in der menschlichen Natur, wissen zu wollen – auch Sokrates hat gewusst, dass er wissen wollte. »Der wissenschaftliche Mensch ist (...) eine ganz unvermeidliche Tatsache«, wie es in Robert Musils Roman *Mann ohne Eigenschaften* heißt: »Man kann nicht nicht wissen wollen.«

Moralische Verantwortung

Der wissenschaftliche Mensch ist die Folge der Geburt der modernen Wissenschaft, die vor rund vierhundert Jahren in Europa entstanden ist. Als sich diese Entwicklung vollzog, kam niemand auf die Idee, über Verantwortung nachzudenken. Wissenschaftliches Handeln war damals identisch mit verantwortlichem Handeln. Der moralische Auftrag lautete, Wissen zu erwerben, um mit ihm Fortschritte für die Menschen zu erzielen. Wissenschaftlicher Fortschritt und humaner Fortschritt waren ein und dasselbe.

Diese ethische Grundlage hat lange Bestand gehabt, erst in unseren Tagen ist sie brüchig geworden. Noch zu Beginn des 20. Jahrhunderts hielt es kein philosophisches Wörterbuch für notwendig, den Begriff Verantwortung aufzunehmen. Dies lässt sich damit erklären, dass die Ethik mehr über die »Pflicht« nachdachte, die heute vergessen zu sein scheint, und dass die »Verantwortung« traditionell dem Bereich der Rechtsprechung zugewiesen wurde. Verantwortlich war man ursprünglich vor Gericht, und es scheint, dass sich die Last der

Anklage bis heute gehalten hat, selbst wenn vordergründig von moralischer – und nicht von legaler – Verantwortung der Wissenschaftler die Rede ist. Immer noch und immer wieder fällt ein Schatten von Schuld auf die Menschen, die von der Öffentlichkeit für etwas verantwortlich gemacht und vor ein Tribunal gestellt werden.

Ein Virusforscher wird zum Beispiel nicht für seine Entdeckungen auf dem Gebiet der Genomforschung verantwortlich gemacht, sondern dafür, dass er immer noch nicht weiß, wie man etwas gegen HIV beziehungsweise die AIDS-Epidemie tun kann. Und die Wissenschaftler ganz allgemein werden weder für den Wohlstand verantwortlich gemacht, in dem wir leben, noch für die Schnelligkeit und Bequemlichkeit, mit der wir uns fortbewegen können. Das Wort »Verantwortung« taucht in der öffentlichen Rede über Wissenschaft erst auf, wenn Waffen gemeint sind, wenn das Ozonloch registriert, das Waldsterben beschrieben und vor Genmanipulationen gezittert wird. Wenn es Medikamente gibt, scheint niemand verantwortlich zu sein. Verantwortung bekommt nur jemand zugewiesen, wenn sie fehlen, und dann wird mit dem Finger auf die Wissenschaft gezeigt.

In unserer Gegenwart passiert etwas Ungeheuerliches. Wer die Forschung öffentlich infrage stellt, wer also nicht antwortet, gerade der gilt moralisch als verantwortlich. Wer antwortet, ist es nicht. Er ist nämlich schuld. Wer Wissenschaft fragend anklagt, kann selbst nicht zu den Fehlentwicklungen beigetragen haben. Er ist fein raus, denn unsere Gesellschaft honoriert die Menschen, die »die Kunst, es nicht gewesen zu sein«, praktizieren, wie es der Philosoph Odo Marquard einmal ausgedrückt hat. Es ist üblich geworden, die Ankläger zu Experten zu ernennen, und auf diese Weise glaubt man, verantwortlich gehandelt zu haben.

Warum ist dies so? Warum schwindet bei uns das Ansehen der Wissenschaftler, die Antworten geben und also Verantwortung übernehmen? Warum feiern diejenigen zur gleichen Zeit Triumphe, die das Tribunal errichten?

Möglicherweise können zwei historische Hinweise eine Antwort geben. Zum einen beginnt die Debatte um die Verantwortung der Wissenschaft mit einem Krieg. Tatsächlich wurde die Frage der Verantwortung ein Thema der Philosophie, als in Europa der Erste Weltkrieg ausgetragen wurde. Damals waren es vor allem deutsche Wissenschaftler, die gezielt eingriffen und sowohl die technischen Voraussetzungen für die Giftgase geschaffen als auch deren erste militärische Verwendung an der Westfront überwacht hatten. Der hauptsächlich dafür zuständige Chemiker Fritz Haber hatte dabei kein schlechtes Gewissen. Im Gegenteil. Er übernahm die Verantwortung, die Kaiser und Volk von ihm erwarteten. Habers berühmte Maxime lautete, dass er zwar im Frieden der Menschheit, aber im Krieg dem Vaterland dienen müsse. In seiner Zeit wurde Haber nicht nur in Deutschland, sondern auch bei seinen Gegnern verstanden. Schließlich wurde ihm noch 1918 von der Königlich-Schwedischen Akademie der Wissenschaften in Stockholm der Nobelpreis für Chemie verliehen, und zwar mit internationaler Zustimmung. Die Welt erkannte seine große Leistung an, die zu der Synthese von Ammoniak geführt hatte. Mit ihrer Hilfe konnten die Chemiker den Stickstoff der Luft binden und letzten Endes besseres Pflanzenwachstum ermöglichen. Haber hatte das Brot aus der Luft geholt, wie man damals sagte, und die Verantwortung dafür bewerteten die Menschen zu Beginn des 20. Jahrhunderts höher als alles andere.

Während die Debatte um die Folgen der Wissenschaft mit einem Krieg begann, endet sie zurzeit mit dem Aufruf

antik-christlicher Kategorien. Dies ist nachzulesen in dem ein-
flussreichen Buch *Das Prinzip Verantwortung* von Hans Jonas.
Der Philosoph ermahnt seine Zeitgenossen, »Ehrfurcht und
Schaudern ... wieder zu lernen«, damit sie uns etwas »Heili-
ges« enthüllen, also etwas, das unter keinen Umständen zu
verletzen ist.

Natürlich stimmt jeder, der seine Sinne beisammen hat,
dem letzten Ziel der Verantwortung zu, an dem sich Jonas
orientiert – er spricht angesichts der möglichen globalen Auswirkungen naturwissenschaftlich vorbereiteter Techniken von
unserer Pflicht zur Bewahrung des Seins und lenkt so den
Blick auf die Verantwortung, die wir auch für künftige Generationen haben. Doch es darf nicht übersehen werden, dass
Jonas mit seinem Vorschlag der Wissenschaft erneut zumutet,
sich rechtfertigen zu müssen. Er bürdet ihr nämlich die ursprüngliche, legale Verantwortung auf, die schon in den christlichen Morallehren zu finden ist. Früher mussten sich die
Menschen von Gott zur Rechenschaft ziehen lassen, und
heute müssen die Wissenschaftler vor dem Tribunal der öffentlichen Empörung antreten, auf dem man Umweltschäden
bilanziert und einen Schuldigen sucht, ohne den Blick auf sich
selbst zu lenken.

Die Öffentlichkeit spielt offenbar gern mithilfe der Medien und populistischer Philosophen ein bisschen lieber Gott.
Sie ist nicht zu fassen und stets unfehlbar. Sie entlastet sich
durch Anklage, und die Wissenschaftler tun ihr den Gefallen,
sich in die Defensive drängen zu lassen. Jedenfalls beklagen
sich zu wenige Forscher über die Forderungen der Öffentlichkeit, die so weiterleben möchte wie bisher und die Wissenschaft um die entsprechenden Innovationen bittet, ohne ihr
durch ein besseres Verständnis entgegenzukommen. Man will
auf keinen Fall auf Kühlschränke verzichten und verlangt

daher Modelle, deren chemische Wirkstoffe das Ozonloch nicht vergrößern. Man will auch nicht auf das Autofahren verzichten und erwartet Fahrzeuge, die weniger Abgase produzieren und keinen Beitrag zum Treibhauseffekt liefern. Und man will natürlich nicht auf Medikamente verzichten, man will nur keine Tierversuche mehr dafür zulassen.

Verantwortung vor wem?

Wer von Verantwortung spricht, sollte genau sein, denn sprachlich geht es um eine mehrstellige Relation. Wenn es heißt, »jemand hat etwas zu verantworten«, dann ist damit gemeint, dass der Betreffende sich vor und für Personen, Sachen oder Instanzen verantworten muss, und dass er dies aufgrund von gesetzten Werten und für eine bestimmte Zeit tut, die vorher oder nachher liegen kann.

Von den vielen möglichen Fragen – wer ist wofür und weswegen vor wem und wann verantwortlich? – lautet die vermutlich schwierigste: Vor wem muss sich der einzelne Naturforscher mit seinem Tun rechtfertigen? Eine Antwort hierauf ist deshalb besonders schwer zu geben, weil sie sich jeder selbst geben muss und dies nur tun kann, wenn sich der Betroffene klarmacht, was die »Würde des Menschen« bedeutet und von welchem Bild des Menschen ausgegangen wird. Sie ist aber auch schwer zu verstehen, weil zum Bild des Menschen gehören kann, was Robert Musil in seinem *Mann ohne Eigenschaften* so ausgedrückt hat:

Das Wissen ist ein Verhalten, eine Leidenschaft. Im Grunde ein unerlaubtes Verhalten; denn wie die Trunksucht, die Geschlechtssucht und die Gewaltsucht, so bildet auch der Zwang, wissen zu müssen, einen Charakter aus, der nicht im Gleichgewicht ist. Es ist gar nicht richtig, dass der Forscher der Wahrheit nachstellt, sie stellt ihm nach. Er erleidet sie.

Tatsächlich gab und gibt es immer noch berühmte Forscher, die von ihrer Arbeit abhängen »wie ein Süchtiger oder wie ein Spinner, der gerne Probleme löst«, wie Max Delbrück es einmal ausgedrückt hat. Sie nach dem Nutzen zu fragen oder ihnen Verantwortungslosigkeit vorzuwerfen, ergibt überhaupt keinen Sinn. Sie tun ihre Pflicht und können vor sich selbst bestehen. Sie haben einen zutiefst menschlichen Willen, nämlich den, wissen zu wollen, und den sollte man ihnen lassen. Unsere Gesellschaft lebt davon. Sie ist für die Folgen verantwortlich.

Die moderne Wissenschaft
hat die westliche Welt säkularisiert

Das hat sie nicht, wie man immer wieder in den Zeitungen nachlesen kann, und dazu ist nicht einmal eine Seuche wie AIDS nötig, die von katholischen Geistlichen ungerechtfertigt als Strafe Gottes gedeutet wurde. Es reicht ein heftiger Hurrikan. Ende August 2005 wurde New Orleans von dem tropischen Wirbelsturm Katrina heimgesucht. Große Teile von New Orleans wurden einfach weggefegt. Als die Medien von dem Unglück berichteten, war allerdings nicht nur von erklärbaren Naturgewalten und politisch bedingten technischen Versäumnissen (beim Dammbau) die Rede. In den Zeitungen meldeten sich auch andere Stimmen zu Wort. So erklärte der Bürgermeister der zerstörten Stadt das Geschehen mit dem Zorn Gottes. Er sei mitverantwortlich für das Unglück seiner Region: »Gott ist zornig auf Amerika. Er hat Hurrikan auf Hurrikan über uns gebracht.« Und konservative Prediger assistierten dem verzweifelten Politiker, indem sie New Orleans als »Sündenbabel« darstellten und bedauerten, dass Gottes Fluten nicht ausgereicht hätten, diesen Eindruck und dieses Treiben zu löschen.

Die Rückkehr Gottes

Gott mischt aber nicht nur kräftig mit, wenn es um naturwissenschaftlich zugängliche Dinge wie tropische Wirbelstürme, Epidemien oder andere vermeintliche »göttliche Strafen« geht.

Gott ist selbst in der Forschung höchst modern geworden, da bekennende Atheisten sich vornehmen, ihn wissenschaftlich als Produkt der Evolution zu verstehen, und sich zudem bemühen, ihn als Erregung (genauer: als epileptischen Mikroanfall) in den Schläfenlappen zu orten.

Dies sah vor rund einem halben Jahrhundert völlig anders aus. Damals beeindruckte die Menschen zum Beispiel Francis Crick, der britische Mitentdecker der Doppelhelix von 1953, der im Anschluss an seine Einsicht gesagt hatte, nach diesem Erfolg der Strukturchemie und Molekularbiologie sei das Rätsel des Lebens gelöst; es gebe keine Geheimnisse mehr. Crick empfahl ohne jede Ironie, die Kirchen umzubauen, um sie als Schwimmbäder nutzen zu können.

Es schien, als triumphierte die Naturwissenschaft, die Gott zu Rückzugsgefechten zwang und dabei war, seinen Wohnraum immer stärker einzuengen. Bald – so dachte man damals – würde sie dem »Gott der Lücken« gar keinen Platz mehr lassen und die Welt ganz ohne ihn erklären können. Doch als Stephen Hawking 1988 in seinem Weltbestseller *Kurze Geschichte der Zeit* genau dies tat und verkündete, ein Schöpfer gehöre nicht in sein Universum – er argumentierte in der Sprache der Mathematik, die Gleichungen aufstellt, deren Lösungen von sogenannten Randbedingungen abhängen, und Gott war keine solche, er tauchte also nicht einmal am Rand auf –, trat auf einmal die Schwäche seiner Begründung zum Vorschein. Die Wissenschaft argumentiert nämlich mit Größen, die uns kein Erleben erlauben und somit klein bleiben. Zwar bleibt die Bedeutung, die die Wissenschaft für die Erklärung und Vorhersage von Ereignissen hat, unverändert bestehen, aber »was für dünne, farblose, uninteressante Ideen« benutzt sie dabei: »Gewicht, Bewegung, Geschwindigkeit, Richtung, Lage«, deren Belanglosigkeit vor allem deutlich wird, wenn man sie mit Beschreibungen konfrontiert, »bei denen sich die Religion bevorzugt aufhält«. »Es ist immer noch der Schrecken und die Schönheit der Phänomene, die ›Verheißung‹ des Morgengrauens und des Regenbogens, die ›Stimme‹ des Donners, die ›Sanftheit‹ des Sommerregens, die ›Erhabenheit‹ der Sterne und nicht die sie regierenden physikalischen Gesetze, von denen sich der religiöse Geist am meisten beeindrucken lässt.« So drückte sich der amerikanische Philosoph und Psychologe William James zu Beginn des 20. Jahrhunderts 1902 in seinen Vorlesungen über *Die Vielfalt religiöser Erfahrung* aus.

Die Vielfalt religiöser Erfahrung

Bereits in der ersten Vorlesung äußert sich James über das Verhältnis von »Religion und Neurologie« – ein Thema, das heute von den Hirnforschern mit den bildgebenden Verfahren neu entdeckt wird, die Gott in irgendwelchen Hirnwindungen aufspüren wollen. James stellt die medizinisch-materialistischen Bemühungen seiner Zeitgenossen vor, religiöse Gefühle auf organische Prozesse mit möglicherweise krankhaften Auswüchsen (etwa epileptischen Anfällen) zurückzuführen, um deutlich zu machen, dass es darauf überhaupt nicht ankommt und man bereit sein müsse, »das religiöse Leben ausschließlich nach seinen Früchten zu beurteilen«. Selbstverständlich gebe es ein »neurologisches Temperament« von Menschen, mit denen ihre Empfänglichkeit für »Inspirationen aus einem höheren Reich« möglich sei, aber damit solle man dann das Thema Religion und Neurologie »zu den Akten legen«.

Dass die moderne Neurologie dem wohlmeinenden Ratschlag von James nicht gefolgt ist (oder ihn wahrscheinlich gar nicht zur Kenntnis genommen hat), deutet ein merkwürdiges Wechselspiel – eine Art von Yin-Yang-Komplementarität – an. Zwar räumt die Wissenschaft Gott weniger Platz in der Gesellschaft und ihren Entscheidungsfindungen ein, die zunehmend rationalisiert werden und die Experten überlassen werden. Doch zugleich tauchen Gott und religiöse Klänge massiv in den Reihen der Forschung auf. Es ist wie von James vorhergesagt, der vor mehr als hundert Jahren meinte, dass sich zwar unsere Großväter einen Gott vorstellten, »der die größten Dinge der Natur auf unsere kümmerlichsten Privatbedürfnisse abstimmte«. Dabei sei »der einzige Gott, den die Wissenschaft anerkennt, (...) ein Gott universaler Gesetze, der einen Welthandel, keinen Krämerladen betreibt«.

Dies trifft zum Beispiel sehr genau auf Albert Einstein zu, der sich ausdrücklich zu einem Gott bekannte, der sich in der Harmonie des Universums zeigt, die sich uns durch die Gesetze offenbart. Einstein bezeichnete sich als »kosmisch religiös« und sagte, er könne sich keinen Gott vorstellen, der sich im Privaten einmische oder im persönlichen Leben bemerkbar mache.

An dieser Stelle ist anzumerken, dass die große Popularität des berühmten Physikers sich eher seinen Reden über Gott als seinen Einsichten in die Natur von Raum und Zeit verdankt. Dies gilt auch für den schon erwähnten Stephen Hawking, der nicht deshalb zum Star wurde, weil er mathematisch ein Universum handhaben kann, sondern weil er dabei Ansichten über Gott entwickelt.

Die Rückkehr Gottes in die Wissenschaft einer säkularisierten Welt zeigt zudem unübersehbar die Evolutionsbiologie, der unentwegt nahegelegt wird, die Entstehung des Menschen doch einem intelligenten Designer anzuvertrauen, statt nach natürlichen Prozessen Ausschau zu halten, die unser

Universum und unsere Art hervorbringen können. Tatsächlich konnte erst vor kurzem das Magazin *Newsweek* verkünden: »Die Naturwissenschaftler entdecken Gott.« Zwar ist nicht klar, was damit genau gemeint ist – entdecken sie ihn bei sich oder im Kosmos? –, klar ist aber, dass einer Umfrage zufolge der religiöse Glaube von Wissenschaftlern im 20. Jahrhundert unverändert geblieben ist. Im Hintergrund solcher Erkundigungen steht dabei immer die Beurteilung des englischen Nobelpreisträgers für Physik, George Thomson, der einmal geschrieben hat: »Vermutlich würde jeder Wissenschaftler an eine Schöpfung glauben, wenn die Bibel nicht unglücklicherweise vor vielen Jahren etwas dazu gesagt hätte und diesen Gedanken nun nicht altmodisch aussehen ließe.«

Der Gedanke der Evolution

Während die Physiker wieder mit Gott argumentieren, scheinen die Biologen ihn vertreiben zu wollen. Sie sehen sich dabei wohl – wenn auch ohne Rechtfertigung – in der Tradition ihrer Vorbilds Charles Darwin, der der Menschwerdung durch seine Theorie der natürlichen Auslese der Evolution eine säkulare Deutung gegeben hat. Das heißt, Darwin hat beim Erzählen unserer Lebensgeschichte keine Finalität in Anspruch genommen und organische Vielfalt allein mit Kausalfolgen zu erklären versucht. Sein Erfolg hat dabei in Wissenschaftskreisen den Eindruck hinterlassen, dass dieses Programm überall erfolgreich durchgeführt werden konnte. Dies ist aber nicht der Fall, wie die physikalische Theorie der Quantenmechanik bereits zur Zeit der Weimarer Republik zeigen konnte. Selbst eine Erklärung der atomaren Stabilität gelingt nicht allein durch Kausalität; vielmehr sind andere Faktoren (wie etwa die der Form oder des Zustands eines Atoms) nötig, um die vorhandene Welt zu verstehen. Daraus ist allerdings noch kein Allgemeinwissen geworden, und selbst die Fachleute ignorieren gern bis heute die Unzulänglichkeit der klassischen Kausalität.

Seit Darwins Tagen hinterlässt zudem das Zufällige mächtige Striche im biologischen Weltbild, vor allem wenn das individuell Unberechenbare in Form von Mutationen in den Genen zu den geeigneten Variationen führt und diese sich dann der natürlichen Zuchtwahl im Lebenskampf stellen. So versteht es eine Biowissenschaft, die sich am Grundgedanken der Evolution orientiert. Für sie entsteht alles im Wechselspiel aus *Zufall und Notwendigkeit*, wie es der Titel des 1970 erschienenen und berühmt gewordenen Buchs des französischen Nobelpreisträgers Jacques Monod ausdrückte. Er hat dabei vieles übersehen, zum Beispiel die Tatsache, dass sein Landsmann Jean-Baptiste de Lamarck die Evolution nicht gegen die Religion, sondern im Vertrauen auf Gott entdeckt hat.

Lamarck kümmerte sich um Fossilien, und er konnte mehr als jeder andere vergleichen. Dabei drängte sich ihm der Schluss geradezu auf, dass in der Vergangenheit der Erde, als sich die geologischen Bedingungen geändert hatten, einige Arten ausgestorben waren. So würden wir heute sagen. Doch Lamarck sah das anders. Er traute Gott nicht zu, Arten erst zu kreieren und dann sterben zu lassen, und er konnte diesem Dilemma entkommen, indem er annahm, dass sich die Arten geändert hatten. Gottes Größe zeigte sich gerade durch die Evolution und in ihr. Er sorgte mit dieser Eigenschaft für die Kontinuität des Lebens, das er geschaffen hatte. Der Gedanke der Evolution nimmt Gott ernst, statt ihn abzuschieben.

Das hat Monod vergessen, wenn er folgenden Schluss zieht: »Der Alte Bund ist zerbrochen; der Mensch weiß endlich, dass er in der teilnahmslosen Unermesslichkeit des Universums allein ist, aus dem er zufällig hervortrat. Nicht nur sein Los, auch seine Pflicht steht nirgendwo geschrieben. Es ist an ihm, zwischen dem Reich und der Finsternis zu wählen.«

Der Zufall ist das große Bekenntnis der Evolutionsbiologen geworden, wie sich vor allem bei dem im Alter von hundert Jahren verstorbenen Ernst Mayr vielfach nachlesen lässt, der seinen Zuhörern in völliger Zufriedenheit verkündete, dass wir nur zufällig auf der Welt seien, dass alles Zufall sei. Mehr nicht. Für Mayr stellt Darwins Idee eines evolutionären Ursprungs und der fortlaufenden Anpassungen der Arten die endgültige Säkularisierung der Naturwissenschaft dar, die ohne jeden Schöpfungsakt erklären kann, wie sich Leben entwickelt und entfaltet. Gott ist keine Hypothese, die Mayr und seine Kollegen brauchen, und sie bemerken anscheinend nicht den Widerspruch, in den sie sich täglich verwickeln. Wenn wir – wie Mayr und Monod behaupten – unsere Existenz dem bloßen Zufall verdanken, dann können wir sie nicht untersuchen, jedenfalls nicht mit den Mitteln der Naturwissenschaft. Im Rahmen des evolutionären Argumentierens machen wir aber gerade unser Existieren zum Thema des Diskurses, und allein dadurch drücken die Forschenden aus, dass unser Vorhandensein auf der Erde mehr ist als das, was sie behaupten, mehr als ein Zufall. Es ist ein Vergnügen.

»Wissenschaft gehört nicht zur Bildung«

Kurz vor Ende des 20. Jahrhunderts hat sich der Anglist Dietrich Schwanitz von der Seele geschrieben, was er unter »Bildung« versteht, und sich in dem gleichnamigen Buch mit großem stilistischem Geschick darum bemüht, uns sein Wissen als Norm zu präsentieren. Was da zu lesen ist, wirkt zwar oftmals klug und witzig, doch im Lauf der Arbeit am Text muss dem Autor aufgefallen sein, dass sein Wissen mindestens eine eklatante Lücke aufweist und er nicht wirklich »alles, was man wissen muss«, parat hat, wie der Untertitel des Buchs prahlend verkündet. In seiner Not fand Schwanitz Hilfe bei einem Trick, den man sonst nur von Politikern kennt, die »vorne« bekanntlich durch die Richtung definieren, die sie mit ihrer Partei gerade eingeschlagen haben. Dementsprechend erklärt Schwanitz einfach das zur Bildung, was seinen Horizont nicht übersteigt:

> Die naturwissenschaftlichen Kenntnisse werden zwar in der Schule gelehrt; sie tragen auch einiges zum Verständnis der Natur, aber wenig zum Verständnis der Kultur bei. (…) [Doch] so bedauerlich es manchem erscheinen mag: Naturwissenschaftliche Kenntnisse müssen zwar nicht versteckt werden, aber zur Bildung gehören sie nicht.

Freude am Forschen

In der Tat: Naturwissenschaft und Bildung gehören in Deutschland nicht unbedingt zusammen. Tatsächlich lässt sich ohne Weiteres weder behaupten, dass die Naturwissenschaft etwas ist, das aus Selbstzweck betrieben wird, noch dass es sich dabei um etwas handelt, das die Menschen jenseits ihrer Berufe miteinander verbindet und ihnen geistigen Genuss im schönen Gespräch bereitet. So hat der Altphilologe Manfred Fuhrmann in einem 1995 erschienenen Aufsatz, der »Von den Ursachen des Verfalls der Allgemeinbildung« handelte, definiert, was wir im klassischen Sinn Bildung nennen. Es geht dabei also um die Fähigkeit zur Kommunikation und zum Dialog, um den Prozess, der einem Individuum zu Selbstständigkeit und Freiheit verhelfen und die Möglichkeit zur vergnüglichen Teilhabe am Kulturganzen mit sich bringen soll.

Für Laien außerhalb der *scientific community* muss es deshalb schwierig sein, sich vorzustellen, dass beim Erreichen oder Nachvollziehen naturwissenschaftlicher Einsichten von einem Genießen die Rede sein kann, weil sie nichts von deren Zustandekommen wissen. Dabei genügt schon ein kurzer Blick in Biographien von Forschern, um zu erkennen, worum es geht, wenn Wissenschaft getrieben wird:

Max Delbrück, der Wegbereiter der Molekularbiologie, der 1969 mit dem Nobelpreis für Medizin ausgezeichnet wurde, hat zum Beispiel ausdrücklich die »Freude am Denken« betont, die er empfand, wenn er versuchte, die Rätsel zu lösen, die von der Natur vor unseren Augen ausgebreitet werden. Viktor Weisskopf, einer der produktivsten Physiker unseres Jahrhunderts, der lange Zeit als Direktor des CERN die europäische Forschung organisiert hat, hatte in seiner Autobiographie *Mein Leben* (Originaltitel: *The Joy of Insight*) ausdrücklich darauf hingewiesen, dass es das große geistige Vergnügen seines Lebens sei, »Mozart und die Quantenmechanik« zu kennen – mit der Betonung auf Letzterer. Und Einstein hat häufig zu verstehen gegeben, dass er das Privileg habe, sich dem reinen Nachdenken über wissenschaftliche Zusammenhänge hinzugeben und dabei ungetrübten Genuss zu erleben, weil er sicher fühlte, der Natur einige Schönheiten entlocken zu können.

Mehr als Missverstehen

Leider gehört es in Deutschland zu dem Ritual einiger Geisteswissenschaftler, den Naturwissenschaften die geistigen Qualitäten abzusprechen, die sie in Wirklichkeit besitzen und die man viel stärker propagieren sollte, um das Verständnis für diese leider immer noch geheimnisvolle Macht zu verbessern, die das Leben in unserer Gesellschaft stärker bestimmt, als vielen gut informierten Beobachtern klar zu sein scheint. Wir weigern uns zudem, Auskünfte wie etwa die zur Kenntnis zu nehmen, die der Romancier Wolfgang Koeppen 1974 in einem Interview gegeben hat, als er um Hinweise auf Anregungen gebeten wurde. Der Schriftsteller antwortete:

> Sie fragten nach literarischen Vorbildern und Einflüssen auf mich – jetzt möchte ich Ihnen sagen, dass die neuen Erkenntnisse der Physik, besonders der modernen Physik, einen Einfluss auf meine Entwicklung gehabt haben. (…) Ich empfange da ganz deutlich ein Weltbild, das meinen Ahnungen entspricht in vielem.

Dieses Empfangen hat es schon vor Koeppen gegeben, etwa bei Rainer Maria Rilke, der das, was die neue Physik seiner Zeit über die Atome und das Universum erkannte und vortrug, in sein Dichten und Denken aufgenommen hat. Die Frage, wie dieses Wahrnehmen und Empfangen gelungen ist, bleibt bislang ohne befriedigende Antwort. Koeppen betonte im weiteren Verlauf des zitierten Gesprächs, es sei keineswegs trivial, da es Außenstehenden äußerst schwerfalle, alle Details dieser neuen Physik zu verstehen. Ihnen fehlten zumeist die entsprechenden Denkwerkzeuge, was dazu führe, dass sie sich ausgeschlossen fühlten. Und als Rache würden sie rasch zu ihrer Entlastung das Wort von der Bringschuld der Forschung nachplappern, das Politiker ins Spiel gebracht haben, um von ihrer hilflosen Ahnungslosigkeit abzulenken (und ohne eine eigene Holschuld zu erwähnen oder zuzugeben).

Asymmetrisches

Hier wird in der Tat ein schwieriges Problem angesprochen, für das es noch keine zufriedenstellende Antwort gibt. Niemand wird bestreiten, dass die Einsichten der modernen Wissenschaft sich weit von dem entfernt haben, was dem gesunden Menschenverstand problemlos zugänglich ist. Aber statt aus diesem Tatbestand die Notwendigkeit abzuleiten, sich auf die Geschichte der Wissenschaft einzulassen, um bei dem dazugehörigen Studium zu verstehen, wie im Lauf der Jahrhunderte gelungen ist, die unserem evolutionären und individuellen Werden zu verdankende und damit natürlich gegebene Barriere des Erkennens zu überspringen, spielt man den Bauern, der nicht frisst, was er nicht kennt. Die Verwendung von Begriffen wie »esoterisch« oder »nebelhaft« scheint typisch

für die Asymmetrie der Bewertung zu sein, die viele Zeitgenossen beim Blick auf die Naturwissenschaften vornehmen.
Physik und Biologie soll es offenbar zum geistigen Nulltarif
geben – nach dem Motto: »Relativitätstheorie leicht gemacht«
oder »Genetik in bunten Bildchen«. Gedanklich anstrengend
darf es offenbar nur werden, wenn philosophische oder historische Themen verhandelt werden.

Diese Asymmetrie durchzieht die abendländische Debatte
um die Bildung, und sie erstreckt sich auf das, was in Quizsendungen unter der Rubrik »Was man weiß, was man wissen
sollte« zu finden ist. Jeder weiß, dass er etwas von Picassos
»rosa Periode« oder vom »Blauen Reiter« und seinen Malern
wissen sollte. Aber niemand weiß, dass es sich lohnt, ebenso
über die Doppelhelix oder die Theorie der Quarks und ihre
Vertreter informiert zu sein. Wer Arthur Schopenhauer nicht
kennt, gilt als ungebildet. Wer hingegen Ludwig Boltzmann
nicht einordnen kann, macht sich über diese Lücke keine Sorgen – und niemand wird ihm dies übelnehmen.

Der eingebildete Gelehrte

Was die Wissenschaft hervorbringt, kommt vielen künstleri-
schen Menschen oft als »verkehrtes Wesen« vor. So verstand
Alfred Döblin die Welt nicht mehr, während Einstein sich daranmachte, den Kosmos zu erklären. Der Autor von *Berlin
Alexanderplatz* protestierte in der Weimarer Republik laut-
stark, als er erfuhr, dass die Allgemeine Relativitätstheorie
beziehungsweise die damit verbundenen Gleichungen der
Gravitation den Kosmos und seine raumzeitliche Wirklichkeit
offenbar besser beschreiben konnten als alle physikalischen
Ansätze zuvor, die mit Isaac Newtons Namen verbunden

waren. Das Newton'sche Universum präsentierte den Raum als einen riesengroßen Schuhkarton mit geraden Linien und rechten Winkeln, den eine gleichmäßig träge dahinfließende Zeit durchströmte, ohne irgendeine Wechselwirkung mit ihm einzugehen. So etwas konnte man sich leicht vorstellen. Doch mit Einsteins Universum ging dies nicht mehr. Mit ihm tauchten seltsame Verzerrungen und Krümmungen in diesem Karton auf, der gerade durch seinen Inhalt aus der vertrauten Rechtwinkligkeit gerissen wurde und der zudem mit dem Strom der Zeit ins Gehege kam und ihn umleitete und verzögerte.

Döblins Problem steckte nicht in dieser Akrobatik der vertrackten Anschauung, der zufolge Raum und Zeit nicht bloß entleert werden, sondern selbst verschwinden, wenn man versucht, die Dinge aus ihnen zu entfernen. Seine Klage richtete sich vielmehr gegen die Tatsache, dass Einstein sein Wissen und seine Kenntnisse über den Kosmos mittels komplizierter mathematischer Verfahren gewonnen hatte, in denen es unter anderem um Differentialgleichungen ging, also um Hervorbringungen des analytischen Verstands, die für Döblin und die meisten Menschen unverständlich blieben und bleiben. Für sie gab und gibt es in dieser so abstrakt wirkenden Formelwelt nichts zu verstehen, und der offenkundige Skandal steckt darin, dass sie damit verurteilt zu sein scheinen, in einem Kosmos zu leben, der nur noch den wenigen Eingeweihten zugänglich ist, die mit der Sprache der höheren Mathematik vertraut sind. Döblin protestierte dagegen, dass der Erfolg des Forschers den Dichter vom Verständnis der Welt ausschloss, in der doch beide gemeinsam lebten. Wieso konnte es einem großen Teil der Menschen verwehrt sein, etwas über die Strukturen ihrer Welt – über die Geometrie ihres Universums – zu wissen?

Einsteins Durchblick

Gewöhnlich weist man an dieser Stelle auf die vielen populären Darstellungen hin, die sich mutig an die Allgemeine Relativitätstheorie wagen und dabei versuchen, mit ihren gebogenen Räumen und gedehnten Zeiten fertigzuwerden. Tatsächlich findet der Interessierte in der entsprechenden Literatur anschauliche Darstellungen der vierdimensionalen Raumzeit und ihrer gekrümmten Geometrie, in der wir nach Einsteins Theorie leben. Doch können die Leser damit wissen, was Einstein gewusst hat?

Wer versucht, diese Frage zu beantworten, wird feststellen, dass das Hauptproblem im Nachsatz steckt. Wissen wir überhaupt, was Einstein gewusst hat? Wir wissen, wie seine Formel in Lehrbüchern aussieht, und wir wissen aus Experimenten, dass damit bessere Vorhersagen über den Ausgang von Messungen in den kosmischen Weiten des Weltraums zu machen sind, als alle konkurrierenden Theorien dies können. Aber wissen wir deshalb, was Einstein verstanden hat?

Einsteins Ziel bestand primär sicher nicht darin, eine Formel zu finden. Er wollte vielmehr etwas über die Raumzeitstruktur der Welt wissen, und er hat dies mittels seiner Formel bewerkstelligt. Aber wenn wir nun so einfach sagen, dass Einstein etwas über das Universum durch seine Gleichung weiß, dann sollten wir uns darüber im Klaren sein, dass dies nicht oberflächlich gemeint sein kann, weil das »durch« sehr tief reicht. Wie tief es tatsächlich gehen kann, hat Werner Heisenberg in seiner Autobiographie *Der Teil und das Ganze* beschrieben. Er stellt dort den Augenblick dar, in dem einige (andere) mathematische Zeichen auf einem Blatt Papier ihm plötzlich ihre Bedeutung offenbaren und er in ihnen die Grundgesetze der Atome erkennt:

Ich hatte das Gefühl, durch die Oberfläche der atomaren Erscheinungen hindurch auf einen tief darunter liegenden Grund von merkwürdiger innerer Schönheit zu schauen, und es wurde mir fast schwindlig bei dem Gedanken, dass ich nun dieser Fülle von mathematischen Strukturen nachgehen sollte, die die Natur da vor mir ausgebreitet hatte.

Es ist wichtig, sich klarzumachen, was Heisenberg bei diesem Erlebnis eigentlich erblickt. Vor ihm auf dem Papier befinden sich doch nur einige mathematische Formeln und Strichgebilde, und aus diesen Zahlen und Figuren kann nur dann das viele Wissen werden, das Heisenberg erregt, wenn die Zeichen den Charakter von Symbolen annehmen. Mathematische Formeln sind eben nicht das Wissen selbst, um das es geht, sondern sie liefern nur den symbolischen Schlüssel dazu, und es ist davon auszugehen, dass es noch andere Schlüssel zu demselben Wissen gibt. Worauf es dann bei der Weitergabe von wissenschaftlichem Wissen ankommt, lässt sich mit einfachen Worten so ausdrücken, dass man dafür sorgen muss, den entsprechenden Schlüssel für Menschen wie den Dichter Döblin zu finden, die in mathematischen Formeln keine Symbole zu entdecken vermögen. Da ihnen diese Begabung fehlt, muss man Bilder oder andere Symbole finden, die ihnen das Wissen über die Wirklichkeit verschaffen, das Wissenschaftler wie Einstein und Heisenberg dadurch bekommen, dass sich für sie die mathematischen Zahlen und Figuren in Symbole verwandeln. In beiden Fällen können schließlich die inneren Bilder entstehen, die zum Verstehen führen und die Erinnerung werden, die wir als Wissen kennen. Wir können alle dasselbe wissen, müssen aber nicht versuchen, dies mit denselben Symbolen zu erreichen.

Was man über die Naturwissenschaften wissen sollte

Stellen wir uns abschließend die Aufgabe, die Frage zu beantworten, was man über die Naturwissenschaften wissen sollte, wie viel Wissenschaft ein gebildeter Mensch braucht beziehungsweise wie er Wissen auch auf dem Gebiet der exakten Wissenschaften erlangen kann. Eine sehr kurze Antwort könnte auf einen Satz des Philosophen John R. Searle aus dem Jahr 1997 hinweisen, der damals schrieb:

> Für einen gebildeten Menschen unserer Zeit ist es unabdingbar, dass er über zwei Theorien unterrichtet ist: die Atomtheorie der Materie und die Evolutionstheorie der Biologie.

Dem könnte man zustimmen, wenn man wüsste, wie sich denn vermitteln lässt – ohne Studium der Physik oder der Biologie –, was die wesentliche Einsicht der Atomtheorie oder der grundlegende Gedanke der Anpassungen von Arten ist, wobei wir den Gleichklang der Theorie übersehen, der die beiden genannten Bereiche ähnlicher erscheinen lässt, als sie sind.

Trotzdem gibt es eine kurze Antwort für das hier angesprochene Thema: Man sollte von den Naturwissenschaften wissen, was sie ursprünglich in Gang gesetzt haben. Dazu gibt es zwei Antworten, eine aus der Antike und eine aus der Neuzeit. In der Antike findet sich ganz am Anfang der Metaphysik des Aristoteles der Satz:

> Alle Menschen streben von Natur aus nach Wissen; dies beweist die Freude an den Sinneswahrnehmungen (*aisthesis*), denn diese erfreuen an sich, auch abgesehen von dem Nutzen, und vor allen anderen die Wahrnehmungen mittels der Augen.

Mit anderen Worten, wir treiben Wissenschaft, weil wir damit die Freude vermehren können, die wir an der Welt haben, der wir unser Leben verdanken.

Und in der frühen Neuzeit, um das Jahr 1600, kam vielerorts in Europa der Gedanke auf, der eine ansprechende Formulierung in Brechts *Leben des Galilei* gefunden hat:

> Ich halte dafür, dass das einzige Ziel der Wissenschaft darin besteht, die Bedingungen der menschlichen Existenz zu erleichtern.

Wir treiben also Wissenschaft, um die Leiden der Menschen zu lindern.

Diese beiden Antworten zu kennen und über sie sprechen zu wollen, das macht naturwissenschaftliche Bildung in knappster Form aus. Wer sie kennt, wird in der Lage sein, die Betrachtung und Diskussion wissenschaftlicher Inhalte zu genießen, die den Ort und das Bild des Menschen prägen, und überdies in der Lage sein zu verstehen, dass Wissenschaft in jedem von uns steckt – und folglich zum Menschen allgemein gehört. Nur aus dieser Verbindung kann die Anteilnahme – die Dialogbereitschaft – entstehen, die nötig ist, damit alle die Verantwortung übernehmen können, die Wissenschaft heute benötigt.

Wissenschaft ist schwerer
zu verstehen als Philosophie

Wer sich – wie der Autor – bemüht, wissenschaftliche Einsichten einem Publikum zu vermitteln, das gern Galerien besucht und philosophischen oder soziologischen Themen lauscht, bekommt oft zu hören, dass Wissenschaft viel zu schwer sei. Philosophie sei da viel einfacher und eingängiger. Das ist zunächst ein Schlag ins Gesicht, wenn man versucht, Mutationen von DNA-Sequenzen, die Zunahme von Entropie, den Unterschied zwischen Bosonen und Fermionen, chemische Valenzen und andere Fragen aus der naturwissenschaftlichen Forschung zu erklären. Doch selbst wenn man die erste Hürde überwunden und den Zuhörern die Angst genommen hat, sieht man sich dem Vorwurf ausgesetzt, das sei ja kaum für das Wesen der humanen Existenz von Belang. Als ich in einer Vortragsreihe von »Vier Betrachtungen über den Tod« als erster Referent den naturwissenschaftlichen Aspekt darlegen wollte, dem theologische, literarische und philosophische Betrachtungen folgen sollten, kündigte der Veranstalter meinen Beitrag ohne Scheu als den »unwesentlichen« an, also als eine Darstellung, die nicht über das Wesen des Todes Auskunft gab. Ich hatte angekündigt, mich um eine Definition zu bemühen – immerhin muss ein naturwissenschaftlich ausgebildeter Arzt festlegen, wann eine Person für tot erklärt wird – und zu überlegen, ob das Sterben zur Evolution gehört oder von ihr nicht erfasst wird. Niemand schien wissen zu wollen, dass das erstens nicht ganz so einfach ist und zweitens viel konkretes, gegenstandsbezogenes Philosophieren verlangt – was mir den Zusatz erlaubt, dass ich nie verstehe, wie jemand von Philosophie ohne einen dazugehörigen Gegenstand sprechen kann. Kann man wirklich Philosophie an sich und so vor sich hin betreiben? Ich denke, dass man nur so etwas wie eine Philosophie der Natur, des Lebens, des Todes oder der Atome vorlegen kann, und wer dies unternimmt, muss sich vorher informiert und etwas gelernt haben – über die Natur, das Leben, den Tod oder die Atome. Dieses Wissen liefern in den genannten Fällen aber die Naturwissenschaften, die man verstehen muss, bevor es an das Philosophieren geht. Allein aus diesem Grund müssen die Naturwissenschaften leichter und eingängiger sein.

Der Jargon der Philosophie

Naturwissenschaftliches Wissen gilt in sich gebildet dünkenden Kreisen als banal oder unverständlich, und dieses Vorurteil scheint stabil zu sein. Wer Philosophie generell für leicht – leichter als Physik zum Beispiel – hält, meint wohl nicht die ernsthafte Philosophie, sondern ihre Version für Kinder, wie sie etwa in Jostein Gaarders *Sophies Welt* dargelegt wird, oder ihre Bettlektürenvariante, wie sie Wilhelm Weischedels *Die philosophische Hintertreppe* bietet. Das ist keine Kritik an den genannten Büchern, sondern soll nur auf ein populäres Missverständnis hinweisen. Ernsthafte Philosophie ist etwas anderes als das, was die genannten Bücher bemühen. Ihre Gründlichkeit und ihr allgemeiner Anspruch machen sie viel schwieriger als jede Disziplin der Naturwissenschaft, wie im Folgenden an wenigen Beispielen wie beim »Bibelstechen« verdeutlicht werden soll. Das heißt, aus zufällig herausgegriffenen und solchermaßen aufgeschlagenen Werken der Philosophie wird der erste Satz, der einem ins Auge fällt, notiert:

Wie in Kants dualistischer Konstitutionslehre ein verborgener Schematismus in den Tiefen des transzendentalen Subjekts die Beziehung von Materie und apriorischer Form zu stiften hatte, so wird in Fichtes monistischem Idealismus der Schritt, der vom Apriori zum Aposteriori führt, zu einem Geheimnis.

»Ach«, würde Loriot sagen, und deshalb stechen wir erneut zu, diesmal bei einem anderen Philosophen in einem anderen Buch aus einem anderen Jahrhundert (aber noch immer lieferbar):

Das skeptische Selbstbewusstsein erfährt also in dem Wandel all dessen, was es für sich befestigen will, seine eigene Freiheit als durch es selbst sich gegeben und erhalten; es ist diese Ataraxie des sich selbst Denkens, die unwandelbare und *wahrhafte Gewissheit seiner selbst.*

»Auch sehr schön«, würde Robert Gernhardt sagen, und so stechen wir noch einmal zu, wobei wir nur verraten, dass alle bisherigen Philosophen Namen tragen, die mit einem H beginnen und zu denen Martin Heidegger nicht gehört (obwohl das völlig gefahrlos gewesen wäre):

Max Webers Neutralismus der Wissenschaften gegenüber den Wertungen, welche die Praxis stets schon vollzogen hat, lässt sich gegen Scheinrationalisierungen praktischer Fragen, gegen eine *kurzschlüssige* Verbindung von technischem Sachverstand und manipulativ beeinflussbarem Publikum, gegen die verzerrte Resonanz, die wissenschaftliche Information auf dem rissigen Boden einer deformierten Öffentlichkeit finden, überzeugend aufbieten.

»Das sagt mir was«, vermeint man die Leute kopfnickend murmeln zu hören, die eben noch verständnislos Erklärungen zur Entropie gelauscht und dann weggehört haben. Ihnen sei – nach einem vierten Stechen – noch folgende Einsicht mit auf den Weg gegeben:

> Die Totalität des Scheins von Unmittelbarem, der in der zum bloßen Exemplar gewordenen Innerlichkeit gipfelt, erschwert es den vom Jargon Berieselten ungemein, ihn zu durchschauen.

Der unfassbare Mensch

Das stimmt ganz sicher, und zweifellos sind es lauter kluge Sätze, was man sicher leichter merkt, wenn man sie ins Normaldeutsche überträgt. Dennoch ist es unbegreiflich, wie man meinen kann, das sich in ihnen ausdrückende Denken sei einfacher als das, was die Naturwissenschaften vorlegen. Wer die *Conditio humana* erfassen und begründen will, braucht sie beide, die Naturwissenschaft und die Philosophie, die immerhin über sich lachen kann – etwa dann, wenn sie den Stil Heideggers, des Philosophen aus dem Schwarzwald, parodiert, von dem es Sätze der folgenden Art gibt, die ernsthaft philosophisch sind:

> Der Mensch hat bisher das Ding als Ding wenig bedacht. Ein Ding ist der Krug. Was ist der Krug? Wir sagen: ein Gefäß, solches, was anderes in sich faßt. Das Fassende am Krug sind Boden und Wand. Dieses Fassende ist selbst wieder fassbar am Henkel. Wenn wir den Krug vollgießen, fließ der Guss beim Füllen in den leeren

Krug. Die Leere ist das Fassende des Gefäßes. Die Leere, dieses Nichts am Krug, ist das, was der Krug als das fassende Gefäß ist.

Ja, der Mensch und sein Ding, beide sind unfassbar. Mir bleibt unfassbar, dass solche Sätze mehr Leser finden als die Texte von Einstein und Heisenberg. Wer hat Angst vor ihnen und warum?

Im Mittelalter glaubten die Menschen, die Erde sei eine Scheibe

Das hört man immer wieder, und sich gebildet gebende Menschen liefern dafür auch die Begründung, dass die Menschen im Mittelalter noch nichts von der Erdanziehung wussten. Wie sollten da Personen oder gar Völker auf der Rückseite der Erde – von uns aus gesehen also in Neuseeland – leben können, ohne von der Erde und in den Kosmos hineinzufallen?

Im Mittelalter waren die Menschen keineswegs so einfältig, wie wir oft meinen. Tatsächlich ist spätestens seit der griechischen Antike bekannt, dass die Erde die Form einer Kugel hat, und es gab auch erste Abschätzungen von ihrem Umfang. Der heilige Augustinus hat im Jahr 400 unmissverständlich auf diese Tatsachen hingewiesen und unseren Planeten als »moles globosa« in das Zentrum der bekannten Welt gerückt. Und spätestens im Mittelalter suchten Gelehrte bereits nach Methoden, um herauszufinden, wie genau unser Planet die geometrische Idealform erreicht oder welche Abweichungen er möglicherweise aufweist. (Sie wurden dann am Ende des 17. Jahrhunderts von Newton als Abplattung an den Polen erkannt.)

Es ist eine – vermutlich böswillige – Erfindung von nachgeborenen Generationen, die ihren eigenen geringen Wissensstand dadurch aufwerten wollten, dass sie ihren Vorgängern solchen Mumpitz unterstellten. Und es gehört zu den Frechheiten von Schulbuchautoren, diesen Unsinn bis heute ungeprüft weiterzuverbreiten. Sie meinen dadurch vielleicht, die

Geschichte von Kolumbus spannender erzählen zu können, der bei seinem Aufbruch in die Neue Welt angeblich riskierte, an den Rand der Scheibe zu kommen und abzustürzen. Dass dies nicht passieren würde, wusste man bereits seit 1260, nachdem Marco Polo Gegenden südlich des Äquators bereist hatte – er war auf jeden Fall so weit gekommen, dass er den Polarstern nicht mehr sehen konnte. Damals war die Kugelform längst Lehrstoff, wofür vor allem der in Paris lehrende englische Astronom Johannes de Sacrobosco gesorgt hatte. Dieser legte 1230 sein Werk *Tractatus de Sphaera* vor, in dem er den Platz der runden Erde im Kosmos erörterte.

In unseren Tagen sind es unter anderem Rudolf Simek (*Erde und Kosmos im Mittelalter*) und Reinhard Krüger (»Zur Archäologie des globalen Raumbewusstseins«, http://www.uni-stuttgart.de/lettres/krueger/forschungsvorhaben_arenosus.html), die sich mit dem Mythos von der Erde als Scheibe beschäftigen – und überrascht feststellen müssen, dass alle Richtigstellungen bislang ohne Wirkung geblieben sind. Es scheint uns aufgeklärten Menschen Spaß zu machen, die Alten als dumm darzustellen.

Natürlich wussten die Menschen im europäischen Mittelalter nichts von der Gravitation, und auch war es ihnen nicht vergönnt, etwa nach Australien oder Neuseeland zu fahren. Aber die Frage, wie sich etwa Albertus Magnus oder andere Gelehrte der Jahrhunderte vor Newton die Besiedlung der ganzen Erde dachten, wird nirgendwo gestellt. Wir können nur vermuten, dass die Menschen im Mittelalter annahmen, oben auf der Erde zu stehen, die sie als ruhend im Kosmos ansahen. Vor Kopernikus drehte sich unser Planet weder um die Sonne noch um die eigene Achse. Bleibt zu fragen, was damals als unten – *down under* – angesehen wurde.

Wie immer: Wenn Menschen einen blinden Fleck haben,

geben sie diese Leerstelle nicht zu. Sie füllen sie vielmehr mit Vermutungen, die dann als Wissen zirkulieren. Und da die Hölle ihren Platz brauchte, landete sie dort. Jetzt zog es niemanden mehr dorthin – bis man entdeckte, dass es da etwas Besseres gibt: eben Neuseeland.

Die erste Eisenbahn machte
den Menschen Angst

Zu den »1000 wichtigsten Daten der Weltgeschichte« gehört die Eröffnung der ersten Eisenbahnstrecke der Welt. Sie besteht seit 1825, und zwar zwischen den englischen Städten Stockton und Darlington. 1830 kam die erste Eisenbahn für den Personenverkehr hinzu – sie verkehrte zwischen Manchester und Liverpool –, und 1835 zog Deutschland nach, als die erste Eisenbahn von Nürnberg nach Fürth und zurück fuhr.

In seiner *Geschichte der Eisenbahnreise* erzählt Wolfgang Schivelbusch von den Auswirkungen dieser technischen Entwicklung, die nicht nur eine Industrialisierung von Raum und Zeit mit sich brachte, sondern auch eine neue Wahrnehmung der Natur erlaubte. »Die Eisenbahn inszenierte eine neue Landschaft«, wie Schivelbusch festhält, »die Bewegung des Zuges [erscheint] durch die Landschaft als Bewegung der Landschaft selber.« Der Blick durch das Fenster ermöglicht eine »synthetische Philosophie des Auges«, wie Zeitgenossen zitiert werden, denen die Dampfkraft der Lokomotive das Wort vom »machtvollen Maschinisten« entlockte.

Das neue Reisen wurde sofort auch für eine besondere Beschäftigung genutzt, denn »die Idee, im Zug während der Fahrt zu lesen, ist so alt wie die Eisenbahn«, und schon bald entstand ein organisierter Bahnhofsbuchhandel. Das Lesen dient auch dem Zweck, den Zustand der Ermüdung zu bekämpfen, der sich bei den Reisenden nach längerer Zugfahrt bemerkbar macht und medizinisch untersucht worden ist. Die Forscher machen die schnellen Vibrationen verantwortlich, denen die Menschen ausgesetzt sind – und nicht nur sie. Auch das Material kann ermüden, wie die Wissenschaft feststellt, und seitdem kennt die Welt den Ausdruck der Materialermüdung, der bis heute eine Rolle spielt, wenn Unfälle untersucht werden.

Wahrnehmung, Lesen, Ermüden – und wo bleiben die Angst und der Schrecken, mit dem die ersten Eisenbahnfahrten begleitet wurden? Es hat sie so gut wie nicht gegeben, auch wenn uns Schulbücher und andere undurchsichtige Quellen etwas anderes einzureden versuchen. Selbstverständlich gab es merkwürdige Gefühle, als eine schwarze, stinkende Wolke aus dem Schornstein aufstieg, und natürlich quietschte und schepperte es gewaltig, als sich die ersten Züge langsam und ächzend in Bewegung setzten, und vielleicht empfanden einige Reisende die erreichten Geschwindigkeiten als hoch, selbst wenn ein guter Läufer sie lässig hätte übertreffen können. Niemand wird erwarten, dass alle Welt gejubelt hat, als sich die Eisenbahn dampfend und stampfend in Bewegung setzte. Aber die paar Stimmen, die sich voller Sorgen geäußert haben, sind in dem Jubel untergegangen, der den Pionieren des neuen Reisens galt.

Sorgen bereiteten – den Bahnfahrern, aber zum Beispiel auch den Versicherungsgesellschaften – die möglichen Eisenbahnunfälle und denkbare neue Krankheitsbilder wie die mikroskopische Zerrüttung des Rückenmarks (»Railway Spine«), die aber nie entdeckt werden konnte. Doch selbst diese Angst verschwand bald. Die Menschen gewöhnten sich an die neuen technischen Apparaturen und freuten sich, schnell und sicher zugleich an ihr Ziel zu kommen. Wir fügen uns gut in die zweite Natur ein, die wir selbst hervorbringen. Wir haben diesen Lebensstil gewählt und kommen mit ihm zurecht. Angst machen gilt nicht.

Es gibt keine Witze über die Wissenschaft

Wenn es witzig werden soll, hat es die Wissenschaft allein deshalb schwer, weil so wenig von ihr und ihrem Personal bekannt ist. Wenn Kabarettisten sich über Personen des öffentlichen Lebens wie Helmut Kohl oder Angela Merkel lustig machen, braucht man sie und ihre Eigenheiten nicht gesondert vorzustellen. Das ist bei der Wissenschaft anders, da – abgesehen von Einstein – niemandem das Gesicht bekannt ist, das zu einem Namen wie etwa Niels Bohr gehört, der sich als Zeitgenosse Einsteins ausführlich mit seinem berühmten Kollegen über die Deutung der neuen Physik – auch in Hinblick auf die Existenz eines Gottes – gestritten hat. Dabei lieferte beispielsweise gerade dieser große dänische Physiker witzige Anmerkungen zur Wissenschaft.

Niels Bohr besaß ein Sommerhaus, über dessen Eingangstür ein Hufeisen angebracht war. Als ihn ein Besucher darauf ansprach: »Aber Bohr, du glaubst doch als Professor für Physik nicht an die Wirkung solcher Glücksbringer?«, antwortete Bohr: »Nein, natürlich nicht, aber ich habe gehört, dass sie auch wirken, wenn man nicht an sie glaubt.«

Als Bohr eines Tages auf einer Skihütte von den mitgereisten Kollegen gebeten wurde, das Geschirr zu spülen, hantierte er zwar zunächst mit dem Abwasch herum. Dann aber überkam ihn ein Grinsen, denn ihm war etwas aufgefallen, das man in etwa so zusammenfassen kann: »Wissenschaft funktioniert wie Geschirrwaschen. Wir haben schmutziges Spülwasser und schmutzige Küchentücher, und doch gelingt es, damit die schmutzigen Teller und Gläser sauberzumachen. So haben wir in der Wissenschaft unklare Begriffe und eine in ihrem Anwendungsbereich in unbekannter Weise eingeschränkte Logik der Sprache, mit der wir ein Experiment mit unklaren Ergebnissen beschreiben. Und doch gelingt es mit allen drei Bereichen, Klarheit im Verständnis der Natur zu gewinnen.«

Bohr liebte zudem kleine logische Scherze – »da eine Katze einen Schwanz und keine Katze zwei Schwänze hat, hat eine Katze drei Schwänze« –, und er verfügte über den Mut, Fragen wörtlich zu nehmen. Als er noch Student war und in einer Prüfung aufgefordert wurde zu erklären, wie man mit einem Barometer die Höhe eines Gebäudes ermittelt, trug sich dem Vernehmen nach folgender Dialog zu:

»Herr Bohr, wie bestimmen Sie die Höhe eines Gebäudes mit einem Barometer?«

»Ganz einfach. Nehmen wir zum Beispiel dieses Institut. Ich nehme das Barometer, klettere auf das Dach, werfe es nach unten und bestimme die Falldauer, aus der man die Höhe berechnen kann.«

»Herr Bohr, etwas weniger zerstörerisch, bitte.«

»Ganz einfach. Ich klettere wieder auf das Dach, nehme ein Seil mit, binde das Barometer daran fest, lasse es auf die Straße herunter und messe die Seillänge.«

»Herr Bohr, etwas mehr Physik, bitte.«

»Ganz einfach. Ich bleibe bei dem Seil und lasse das Barometer als Pendel schwingen, bestimme die Schwingungsdauer bei gegebener Pendellänge …«

»Herr Bohr, etwa mehr Mathematik, bitte.«

»Ganz einfach. Ich warte auf Sonnenschein, bestimme die Länge des Schattens, den das Barometer wirft, bestimme zugleich die Länge des Schattens, den das Gebäude wirft, und kann durch ein wenig Trigonometrie ausrechnen, was Sie wissen wollen.«

»Herr Bohr, geht das nicht einfacher?«

»Doch. Ich gehe zum Hausmeister und frage ihn, ob er weiß, wie hoch das Gebäude ist. Wenn er es weiß, schenke ich ihm das Barometer.«

Weitere Anekdoten

Neben Bohr haben auch andere Wissenschaftler für anekdotischen Stoff gesorgt, etwa der leider zu wenig bekannte Wolfgang Pauli, der den Vortrag eines Kollegen mit den Worten kommentierte: »Das war ein Feuerwerk von Ideen – also viel Lärm und wenig Licht.« Paulis Frechheit schreckte auch vor dem lieben Gott nicht zurück. Denn als der Physiker in den Himmel kommt, fragt ihn der Herr, ob er etwas wissen wolle. »Ja«, antwortet Pauli, »ich will wissen, warum die Feinstrukturkonstante den Wert von 1/137 hat.« Gott holt eine Tafel heran und beginnt damit, einige mathematische Formeln aufzuschreiben. »Lass das«, unterbricht ihn Pauli, »so geht das nicht, das habe ich bereits ausprobiert.«

Etwas freundlicher ist die Anekdote über Otto Hahn, nachdem es ihm gelungen ist, den Urankern zu teilen. Bei ihm meldet sich ein Reporter, der über die Atomspaltung berichten und auch Bilder machen will. »Herr Professor Hahn«, spricht ihn der Fotograf an, »ich schlage vor, dass wir zwei Bilder machen. Auf dem ersten halten sie einen Atomkern in Händen und auf dem zweiten betrachten Sie nachdenklich die Spaltprodukte.«

Es sind nicht nur kleine Geschichten überliefert, die sich

über Personen lustig machen, sondern auch über einzelne Disziplinen. Da stehen zum Beispiel ein Physiker, ein Biologe und ein Mathematiker vor einem Aufzug. Drei Personen gehen hinein, die Tür schließt sich und öffnet sich dann, und vier Personen treten ins Freie. Der Physiker wundert sich: »Da muss ich mich verzählt haben.« Der Biologe überlegt: »Wie haben die sich denn so schnell vermehrt?« Und der Mathematiker sagt sich: »Wenn jetzt einer in den Aufzug hineingeht, ist keiner mehr drin.«

Da gibt es noch die Geschichte von dem berühmten Professor, der mit seinem Fahrer unterwegs ist und an hundert Orten seinen Vortrag hält. Eines Tages mag er nicht mehr. Er ist in einer Stadt zu Gast, wo ihn niemand kennt, und so bittet er den Fahrer, der doch immer zugehört hat, den Vortrag zu halten. Er würde in der letzten Reihe sitzen und zuhören. Der Fahrer stimmt zu, trägt vor und erwartet am Ende die Fragen aus dem Publikum. Als jemand sich nach einem Detail erkundigt, sagt er: »Ach, diese Frage ist so einfach, die beantwortet Ihnen mein Fahrer.«

Zu guter Letzt die ultimative Antwort auf die zentrale Frage der Biologie: Was prägt uns – das Erbe oder die Umwelt? Die Gene oder das Milieu? Die Antwort ist klar: Wenn eine Frau ein Kind bekommt, und es sieht so aus wie der Ehemann, dann sind es die Gene. Wenn das Kind so aussieht wie der Nachbar, dann macht das die Umwelt.

PRAKTISCHES

Menschen sollten viele Liter Wasser
am Tag trinken

Vor einigen Jahren mussten sich die Professoren in ihren Vorlesungen an einer Universität daran gewöhnen, auf Studierende zu treffen, die häkelten oder strickten. Heute bringen viele eine große Plastikflasche mit Wasser mit, aus der sie immer wieder lust- und geräuschvoll trinken, denn sie scheinen sonst in der neunzig Minuten dauernden Veranstaltung zu verdursten. Auch unterwegs sieht man vor allem junge Menschen mit Wasserflaschen umherlaufen, an denen sie ab und zu nuckeln, und sie fühlen sich in ihrem Tun durch die Wissenschaft bestärkt. Schließlich hat sie herausgefunden, dass der Mensch mindestens acht Gläser Wasser – also rund zwei Liter – trinken muss, um nicht auszutrocknen. Und bei dieser Menge darf nach angeblicher Auskunft der Experten das morgendliche Kaffeetrinken nicht mitgerechnet werden – und erst recht nicht das spätere Bier, das man konsumiert, wie dann durch physiologische Erklärungen abgesichert wird. Oder hat man sich da einen Waschbären aufbinden lassen?

Rachel C. Vreeman und Aaron E. Carroll haben 2007 diese und andere verbreitete medizinische Mythen analysiert, die sogar von Ärzten selbst geglaubt und den Patienten weitererzählt werden. Auf den im *British Medical Journal* (BMJ) veröffentlichten Ergebnissen der Untersuchung beider Autoren beruhen die folgenden Erkenntnisse.

Die Quelle für die empfohlene Menge an Flüssigkeit steckt in Publikationen, die bereits kurz nach 1945 entstanden sind und den Weg in unsere heutigen Illustrierten gefunden haben. Bei der analysierten Durstlöschung ist übersehen worden, dass bei dem wissenschaftlich als nötig ermittelten Volumen das viele Wasser mitgezählt wurde, das in Nahrungsmitteln wie Obst enthalten ist; Suppen, Säfte, Milch, Kaffee, Tee und erst recht das geschleckte Eis am Stiel tragen selbstverständlich auch zu der Flüssigkeitsmenge bei. Nur wenn dies alles ignoriert wird, kommen die acht Gläser Wasser zustande, die als Zwangsverzehr oben zitiert wurden und für die es zudem nicht die geringste Evidenz auf empirischer Basis gibt.

Wann schläft ein Weiser? So lautet eine schöne Frage der östlichen Kultur. Wenn es dunkel wird? Wenn die Uhr eine bestimmte Zeit anzeigt? Nein, ein Weiser schläft, wenn er müde ist. Und wann sollte ein vernünftiger Mensch etwas trinken? Natürlich dann, wenn er Durst hat, und man sollte ebenso selbstverständlich damit aufhören, wenn der Durst gelöscht ist. Braucht man dazu tatsächlich ausführliche Studien und umständliche Darstellungen? Muss man auf eine leere Flasche schauen, um zu wissen, ob man genug getrunken hat?

Wir nutzen nur einen
Bruchteil unseres Gehirns

Niemand bestreitet, dass ein Gehirn viele Möglichkeiten bietet und reichlich Regionen für Spezialaufgaben vorweist, die täglich kaum benötigt werden. Aber dass wir Menschen beim gewöhnlichen Gebrauch nicht einmal 10 Prozent davon nutzen, stimmt nicht und bleibt ein Gerücht aus nicht nachweisbarer Quelle. Der entsprechende Mythos wurde nämlich schon vor mehr als hundert Jahren in die Welt gesetzt, wie Vreeman und Carroll berichten. Das sollte uns trotzdem nicht in Versuchung bringen zu erklären, warum er sich so hartnäckig hält, weil zu viel Dummheit dabei im Spiel ist.

Die Behauptung vom ungenutzten Gehirn birgt zwei Probleme in sich: Das eine besteht darin, dass die Beweislast auf der falschen Seite liegt, und das zweite in der methodischen Schwierigkeit, die Untätigkeit eines Hirnareals nachzuweisen und ein beweisbares Schweigen der Nervenzellen als Verschwendung oder Leerlauf zu identifizieren. Neurobiologen, die Untersuchungen am Gehirn durchführen, befassen sich selbstverständlich mit den elektrisch aktiven Regionen im Kopf, und selbst wenn ein Teil der Neuronen und ihrer Verbände gerade keine spezielle Aufgabe erledigt, beinhalten sie bestimmte biochemische oder andere Aktivitäten, die zum Leben gehören. Die Zellen müssen ständig zum Stoffwechsel beitragen, und sie sollten sich stets in gespannter Bereitschaft halten, um ohne Verzug auf neue Situationen reagieren zu können.

Das Gerede vom kaum benutzten Gehirn stammt vermutlich von geschäftstüchtigen Leuten, die lernwilligen Menschen für viel Geld tollste Trainingsmöglichkeiten für das Kopfgewebe anbieten wollen und ihnen suggerieren, durch irgendeine Art von »Gehirnjogging« alles nachholen zu können, was sie bislang verpasst haben. Dabei ist, vom wissenschaftlichen Standpunkt aus betrachtet, vor allem eins klar: Alle Evidenz, die nicht zuletzt durch Untersuchungen von verletzten Hirnarealen gesammelt worden ist, deutet darauf hin, dass wir ständig sehr viel mehr als den genannten Bruchteil unseres Gehirns nutzen und zum Beispiel für Erinnerungen den ganzen Apparat einsetzen, der uns verfügbar ist.

Vielleicht hat die These von brach liegenden Arealen unter der Schädeldecke deshalb so viele Anhänger gewonnen, weil sie der Vorstellung entgegenkommt, dass uns nur ein Teil der Hirntätigkeit bewusst wird. Aber das Unbewusste ist kaum etwas, was man ungenutzt nennen könnte. Im Gegenteil! Es ist die ganze Zeit wach – ganz sicher auch in diesem Augenblick.

Haare und Fingernägel wachsen
nach dem Tod weiter

In einigen literarischen Erzählungen wird geschildert, dass nach dem Tod Haare und Nägel weiterwachsen und ungeheure Dimensionen oder merkwürdige Formen annehmen. Komiker haben dieses Gerücht aufgegriffen und darüber Witze gemacht, in denen es beispielsweise heißt, dass nach dem Ableben zwar die Zahl der Anrufe und Briefe abnimmt, die der Verstorbene bekommt, nicht aber die Länge der Haare oder Nägel. Doch solchen skurrilen Vorstellungen zum Trotz – die Behauptung der Titelzeile ist blanker Unsinn, »pure moonshine«, wie es im Angelsächsischen heißt.

Die Medizin hat nämlich die Möglichkeit zu erklären, woher der Eindruck entsteht, dass Haare und Nägel nach dem Tod weiterwachsen. Er hängt mit der Flüssigkeit zusammen, die tote Körper verlieren. Sie dehydrieren, und dabei schrumpft die Haut, und wenn dies am Kopf oder an den Fingern passiert, sieht es bei oberflächlicher Betrachtung nach einer Verlängerung der dort befindlichen Haare oder Nägel aus. Wirkliches Wachstum gibt es aber nicht. Die Hormone, die dazu nötig sind, werden nach dem Ableben nämlich nicht mehr produziert.

Durch Rasieren wachsen Haare
schneller und dunkler nach

Die Vorstellung, dass Haare dort schneller und sogar dunkler nachwachsen, wo sie abrasiert worden sind, hält sich hartnäckig, obwohl sie bereits 1928 in einem klinischen Versuch als unhaltbar erwiesen wurde. Dabei könnte jeder von uns die Behauptung im Selbstversuch nachprüfen – und also widerlegen –, was die Frage aufwirft, warum dies nicht unternommen wird. Man kann schon vor dem Frühstück Wissenschaft treiben – und bereit sein, seine lieb gewonnenen Vorurteile abzulegen.

Studien aus jüngerer Zeit zeigen deutlich, dass das Rasieren weder die Stärke noch die Dicke des wachsenden Haars beeinflusst. Allerdings – die sprießenden Haare sehen anfänglich etwas dunkler aus, was aber leicht zu erklären ist. Die nachwachsenden Haare waren bis dahin noch keiner Sonnenstrahlung ausgesetzt. Sie haben ihr Bleichen noch vor sich, was aber nicht lange auf sich warten lässt. Und mehr gibt es dazu nicht zu sagen.

Lesen bei schwachem Licht
schadet den Augen

Die eindringlich ausgesprochene Warnung habe ich des Öfteren als Kind gehört. Damit war das Verbot gemeint, eine funzelige Taschenlampe zum Lesen unter der Bettdecke zu verwenden. Doch diese Behauptung ist ebenso unsinnig wie eine andere Legende, die man in unserem Familienkreis erzählte und die davor warnte, Augen zum Spaß so zu verdrehen, dass es so aussehe, als ob man schielte. Wenn die Augäpfel noch in dieser Position seien, während es zwölf schlage, dann bleibe uns das Schielen für den Rest unseres Lebens erhalten.

Aber Schluss mit diesem Blödsinn und zurück zur schwach brennenden Taschenlampe. Das dämmrige Licht erschwert es natürlich, den oft klein gedruckten Text exakt zu fokussieren, und die Augen blinzeln im schummrigen Licht weniger, als sie es bei normaler Helligkeit tun. Aber ein bleibender Schaden entsteht dadurch nicht, wie zahlreiche Studien belegen.

Das Gerücht mit dem schädlichen schwachen Licht taucht übrigens stets in Verbindung mit Lesen auf und findet kaum Erwähnung etwa beim Betrachten von dunkel gehaltenen Aquarellen. Will man da nicht so sehr schützen als vielmehr etwas verbieten? Vielleicht schadet das Lesen mehr als das gedämpfte Licht, wobei diese Anmerkung auch deshalb gemacht wird, weil vor kurzem in einer Zeitung für kluge Köpfe ein Experte die Möglichkeit andeutete, dass Lesen ein Missbrauch des Gehirns sei. Die Evolution hat die dazugehörigen Areale jedenfalls nicht entworfen, um diesen Text hier lesen zu können – ganz gleich, wie hell es dabei wird.

Mobiltelefone stören Geräte im Krankenhaus

Mobiltelefone können nerven. Sie breiten ungeniert das Private öffentlich aus, stören die Ruhe und vieles andere etwa auf Zugreisen, und die Geräte sollen aus guten Gründen abgeschaltet werden, wenn es ans Fliegen geht. Beträchtliche Aufmerksamkeit über diese Banalitäten hinaus hat die Behauptung erfahren, dass Handys in Krankenhäusern zu erheblichen Störungen – sogar in einigen Fällen mit tödlichen Folgen – dadurch führen können, dass ihr Betrieb das Funktionieren von Infusionspumpen, Herzmonitoren und anderen elektrisch betriebenen lebensrettenden oder -erhaltenden Maschinen beeinträchtigt. Im vergangenen Jahrzehnt veröffentlichte das *Wall Street Journal* sogar einen Beitrag zu diesem Thema auf der Titelseite mit der Folge, dass die Behörden beunruhigt waren und Mobiltelefone in Krankenhäusern verboten wurden.

Tatsächlich haben sämtliche Studien mit wissenschaftlicher Qualifikation vergeblich nach einem Einfluss von Handys auf medizinisches Gerät geforscht, und die Krankenhauspraxis ermutigt die Ärzte derzeit eher dazu, ihre Mobiltelefone zu nutzen. So können sie möglichst rasch und direkt mit Kollegen in Kontakt treten, um sich zu beraten. Auf diese Weise gelingt es nachweislich, die Fehlerquote bei Diagnosen oder Therapieanweisungen zu verringern.

Die meiste Körperwärme verlieren wir über den Kopf

Nach ihrem ersten erfolgreichen Entlarven (»debunking«) von medizinisch relevanten Mythen haben sich Rachel Vreeman und Aaron Carroll ermutigt gefühlt, eine zweite Reihe solcher Legenden zu widerlegen. Ihre Erkenntnisse und Befunde haben sie – erneut im Fachblatt *British Medical Journal* – kurz vor Weihnachten 2008 vorgelegt.

Alle Mythen haben mit der Weihnachtszeit zu tun, die in unseren Breiten als süß (Zuckerwaren) und dunkel (Nacht) zugleich daherkommt. Daraus haben sich offenbar Vorstellungen der Art ergeben, dass Süßigkeiten auf der einen Seite Kinder hyperaktiv machen und dass die Dunkelheit (verbunden mit Einsamkeit) die Selbstmordrate über die Feiertage in die Höhe treibt. Beide Behauptungen halten aber nicht stand, wenn man sie unter die Lupe der Empirie nimmt.

Was den Zucker angeht, so werden Kinder keinesfalls durch ihn und seine Kalorien unruhiger im Lauf der Weihnachtsfeiertage. Allerdings gehört zu den Festgewohnheiten, dass alle Beteiligten den lieben langen Tag in zumeist engen und vollgestellten Zimmern hocken. Die Eltern haben dann zunehmend den Eindruck, der Bewegungsdrang der Zöglinge sei auf die Süßigkeiten zurückzuführen, deren Genuss ebenso zum Festritual gehört. Dieser Grund steckt allein im Kopf der Eltern.

Was den Mythos von den erhöhten Selbstmordraten angeht, so kommen die Statistiken zu höchst unterschiedlichen Ergebnissen, und zwar in Japan zu anderen als in den USA und dort wieder zu anderen als in Irland. In Irland wurde zwar tatsächlich ein leichter Anstieg der Selbstmordrate an Feiertagen festgestellt, aber nur bei Frauen. Bei Männern ist eher eine Abnahme der Rate zu verzeichnen. Die wissenschaftlich zuverlässigen Zahlen zeigen übrigens, dass – trotz des Vorurteils des gesunden Menschenverstands – Selbstmordraten generell gerade nicht in den dunklen Monaten mit den langen Nächten zunehmen. Sie steigen – im Gegenteil – bevorzugt in den Sommermonaten und im Herbst an, wobei man die Daten aus Ungarn von den Daten aus Finnland und so weiter unterscheiden müsste.

Nun aber zum Verlust an Körperwärme im Winter, den wir dadurch bekämpfen, dass wir Hüte, Kappen und Mützen aufsetzen. Natürlich ist die Kopfhaut gut durchblutet, aber stimmt es, wenn man uns mitteilt, dass Menschen knapp 50 Prozent ihrer Körperwärme über den Kopf verlieren?

Die Antwort lautet Nein. Über den Schädel strömt ebenso viel Wärme ins Freie wie über irgendeinen anderen Teil unseres Körpers, nur dass wir Beine, Arme, Hände und Füße gewöhnlich bekleiden und nicht der kalten Luft aussetzen. Insofern schadet es nicht, wenn wir eine Kopfbedeckung tragen. Manche fühlen sich damit wohler und ersparen sich Erkältungen in der kalten und windigen Jahreszeit. Aber von einem unverhältnismäßigen Hitzeverlust durch die Schädeldecke kann wissenschaftlich keine Rede sein.

Essen in der Nacht macht dick

Nicht nur zur Weihnachtszeit, sondern allgemein kann es vorkommen, dass wir uns – etwa nach einem Theaterbesuch oder nach einem Vortrag – noch zu später Stunde an einen gedeckten Tisch setzen, um zu Abend oder besser zur Nacht zu essen. Und sobald die Speisen serviert werden, erinnern wir uns an die Stimme unserer Mutter, die stets eindringlich davor gewarnt hat, in den letzten Stunden vor Mitternacht noch etwas zu sich zu nehmen. Man würde schlecht schlafen und besonders dick werden, wenn man zu vorgerückter Stunde speist und sich anschließend sofort hinlegt (ohne einen Verdauungsspaziergang gemacht zu haben). Das meinen die Mütter und der Volksmund, und wir fragen: Was sagt die Wissenschaft dazu?

Sie sagt, dass es dafür keinerlei Beleg gibt. Essen in der Nacht macht dann dick, wenn man zu viel isst, aber das hat nur mit der Zahl der Kalorien und nichts mit der Zeit zu tun, zu der man sie zu sich nimmt.

Wer jetzt fragt, ob es unabhängig davon Essgewohnheiten gibt, die besonders mit einer Gewichtszunahme korreliert sind, dann lautet die Antwort: Ja, und zwar gleich zweimal. Eine schlechte Angewohnheit besteht darin, mehr als dreimal am Tag mehr als nur eine kleine Zwischenmahlzeit zu sich zu nehmen, bei der man wenig zu kauen hat; die andere ist die, das Frühstück ausfallen zu lassen – was manche aus Eile oder vielleicht gezielt aus Diätgründen tun. Letzteres ist vergeblich. Denn wer sich keine Zeit für das Frühstück nimmt, schaufelt im Lauf des Tages mehr in sich hinein, als er an seinem Beginn gespart hat, wie sämtliche Studien zu diesem Thema nachgewiesen haben. Also: Selbst wer nachts noch üppig getafelt hat, der sollte das Frühstück trotzdem nicht auslassen.

Übrigens – nach einem »late night dinner« wachen wir oft mit einem Kater auf, den wir gern wieder loswürden, und diesbezüglich zirkulieren Tausende von Vorschlägen, die als bewährte Rezepte ausgegeben werden. Sie taugen nichts. Gegen den »Hangover« gibt es nur ein Rezept, das funktioniert. Es heißt abwarten (und Tee trinken, wenn man ihn mag). Alles andere ist verlorene Liebesmühe.

Im Schlaf sind wir passiv

Es hat lange gedauert, aber dann hat die Wissenschaft in Person des Wiener Nervenarztes Baron Constantin von Economo in den ersten Jahrzehnten des 20. Jahrhunderts bemerkt, dass man »den Schlaf als aktiven, vom Gehirn gesteuerten Prozess« zu begreifen hat. Und heute wissen wir, dass es ein eigenes Einschlafzentrum gibt, das uns aktiv und gezielt vom Wach- in den Schlafzustand befördert – und den brauchen wir ganz dringend. Unser Gehirn muss in dieser Phase der äußerlichen Ruhe nämlich eine ungeheure Menge bewerkstelligen, und wer darüber mehr wissen will, als hier in aller Knappheit dargestellt werden kann, der sei auf *Das Schlafbuch* von Peter Spork verwiesen, das an vielen Beispielen und aus unterschiedlichen Perspektiven erläutert, »warum wir schlafen und wie es uns am besten gelingt«.

Wer zu großzügig dem Alkohol zuspricht, erschwert es seinem Körper, gut durch die Nacht zu kommen. Wir schlafen zwar rasch ein, wälzen uns dann aber hin und her, und diese Unruhe lässt uns in einem elenden Zustand aufwachen. Das ist leicht zu verstehen, wenn wir akzeptieren, was der Schlaf ist, nämlich »ein unerhört komplexes Zusammenspiel zahlloser Prozesse«, wie Spork den Berliner Schlafforscher Dieter Kunz zitiert, der zugleich darauf hinweist, dass das schlafende Gehirn ungeheuer arbeitet und dabei gewaltige Mengen an Energie verbraucht (weshalb es nach dem im letzten Kapitelchen erwähnten guten Frühstück verlangt).

Leider kann die Wissenschaft immer noch nicht sagen,

»welches die primäre – die allererste und somit wichtigste – der vielen Aufgaben des Schlafs« ist, wie uns *Das Schlafbuch* mitteilt, aber klar ist, dass das Schlafen der Kleinkinder eine andere Funktion hat als das von Erwachsenen. Im ersten Fall geht es mehr um die Entwicklung und Formbarkeit des Gehirns und im zweiten Fall eher um das (biochemische und physiologische) Gleichgewicht des Körpers und die mögliche Befreiung von dem, was Forscher die synaptische Last nennen. Synapsen stellen Kontakte zwischen Nervenzellen her, und im Lauf eines Tages werden – im Rückblick offenbar unnötig – viele davon hergestellt.

Um das Gehirn in Form zu halten, muss möglichst eine große Zahl der Synapsen wieder abgebaut werden, und dies erledigt das Gehirn für uns im Schlaf. Es sorgt bei diesem Tun für einen Zustand, in dem nahezu alle Zellen des Großhirns gemeinsam erregt oder in Ruhe sind, und damit liegt der perfekte biochemische Zustand zur Eliminierung von Synapsen vor.

Die Schlafforscher sind inzwischen der Ansicht, dass der ursprüngliche Sinn des Schlafs »die Erleichterung der synaptischen Formbarkeit« ist, was man auch so ausdrücken kann, dass »Schlafen für die Unterstützung des Lernens« eingerichtet wurde. Aus diesem Grund ist auch dringend zu dem kurzen Mittagsschläfchen zu raten, das wir gerne halten würden, wenn uns die Umstände und die Gesellschaft daran nicht dauernd zu hindern versuchten. Das Nickerchen gilt vielen noch als Zeit der Faulheit und Disziplinlosigkeit, aber die Forschung hat andere Vorstellungen entwickelt: Tatsächlich stellen erste Firmen in den USA und Japan ihren Mitarbeitern Zeit und Platz für das »Power-Napping« zur Verfügung.

Diese Pausen sind wichtig für unser Leistungsvermögen.

Wir verstehen jetzt wissenschaftlich, was der Schriftsteller John Steinbeck schon vorher – wahrscheinlich beim eigenen Tun – erfahren hat. »Die Kreativität beginnt mit einer Pause.« Schlafen wir, wenn uns danach ist. Es muss ja nicht gerade in diesem Augenblick sein.

Das Immunsystem führt
einen Krieg im Körper

Um an den Schlaf anzuknüpfen: Die Wissenschaft kann nachweisen, dass wir schlafen, um uns erinnern zu können. »Das gilt nicht nur für den Geist«, wie Peter Spork schreibt, »sondern auch für den Körper: Die Gedächtniszellen des Immunsystems brauchen den Schlaf, und auch das innere Gleichgewicht, zu dem unsere Stoffwechsel- und Organsysteme dank der Erholung im Schlaf immer wieder zurückfinden, ist eine Art Erinnerung.«

Es ist wohltuend, im Zusammenhang mit dem Immunsystem Ausdrücke wie Schlaf und Gleichgewicht zu hören, da sonst eher von einem Krieg im Körper die Rede ist, der da gegen böswillige und auf ermattende Entzündung angelegte Eindringlinge von außen geführt wird. Unser Körper baut eine Immunabwehr auf, in der Killerzellen und Fresszellen an die Front geschickt werden, um Fremdinvasionen abzuwehren.

Natürlich schützt uns das Immunsystem vor Infektionen und befreit unseren Körper von Mikroorganismen, die nichts im ihm zu suchen haben – so erklärt sich ja auch der Begriff, der sich vom lateinischen Wort »immunis« herleitet, was so viel wie rein und unberührt bedeutet. Aber dass dabei ein Krieg stattfindet und Abwehrschlachten geführt werden, hat zunächst weniger mit dem biologischen Geschehen und mehr mit den politisch-historischen Umständen des 19. Jahrhunderts zu tun, unter denen die Wirkung des Immunsystems zum ersten Mal in das experimentelle Arbeitsfeld der medizinischen Wissenschaft gelangte. Nationale Begeisterung und militärischer Stolz prägten das Denken in den 1880er Jahren, als die immunologische Forschung in Frankreich (Louis Pasteur) und Deutschland (Emil von Behring) ihren Anfang nahm, also ausgerechnet in zwei Ländern, die damals sorgfältig und konsequent ihre sogenannte Erbfeindschaft pflegten.

Natürlich muss ein Körper dafür sorgen, in ihn eindringende (»fremde«) Zellen zu identifizieren und abzufangen, um seinen »eigenen« Zellen die nötigen Spielräume zu geben, die jedes Leben braucht. Aber wenn das dafür zuständige Immunsystem in unserer heutigen Zeit zum ersten Mal erforscht und sein wirksamer Aufbau (aus Zellen und Molekülen) identifiziert würde, fielen den dafür verantwortlichen Wissenschaftlern wahrscheinlich andere Metaphern ein. Es wären eher ökologische Metaphern, da es um die Aufrechterhaltung einer lebens- oder überlebensfähigen Ordnung geht, die unvermeidlich im Kontakt mit der Außenwelt steht. In ökologischen Bildern geht es weniger um Siegen und Besiegen und mehr um Erhalten und Bewahren, und mir scheint dies die Hauptaufgabe der Einrichtung des Körpers namens Immunsystem. Das so bezeichnete funktionsfähige Ganze vermag zudem, Mikroorganismen wiederzuerkennen, wenn sie ein zweites oder drittes Mal auftauchen. Das Immunsystem verfügt also nicht nur über die Fähigkeit des Erkennens (zumindest in diesem molekularen Zusammenhang), es besitzt auch ein Gedächtnis und kann sich erinnern. Das erlaubt den Hinweis auf die Hypothese, dass sich unser Körper auf diese Weise ein zweites – sehr bewegliches – Gehirn zugelegt hat, und das sollte auch mehr Interesse an der Haushalts- und weniger an der Kriegsführung haben. Das Immunsystem bietet uns die Möglichkeit, biochemisch zu sein und zu werden, wer und was wir unter molekularem Aspekt sind. Einen Krieg führt es deswegen nicht. Der würde nur stören.

Viren sind Feinde des Menschen

Krieg führt man gegen Feinde, und damit sind wir bei der Einschätzung der Viren, die bei den meisten Menschen reflexartig den Begriff des Krankheitserregers evozieren. Viren verbreiten Krankheiten – Grippe und AIDS zum Beispiel, und an der Entstehung von Krebs sind diese Gebilde auch beteiligt, die von Biologen als Grenzfälle angesehen werden. Sie bewegen sich zwischen dem Bereich des Lebens und dem des Nichtlebens, ohne einem der beiden Bereiche fest zuzugehören. Viren sind – in aller Kürze – verpacktes Erbmaterial, das erst dann seine Funktion übernehmen und erfüllen kann, wenn es in eine Zelle eingedrungen ist, die zu einem Lebewesen gehört. Viren allein leben nicht, Viren in Zellen hingegen beginnen mit ihrem Eigenleben – und sie tun dies offensichtlich bevorzugt zum Schaden des von ihnen infizierten Organismus.

Wer nur dies von Viren weiß, dem muss umso überraschender die Überschrift »Mein Freund, das Virus« erscheinen, unter der das Klinikum rechts der Isar in München im Februar 2006 sein Forschungsprojekt vorstellte, wie Viren wirksam zur Bekämpfung von Leberkrebs eingesetzt werden können. Einer Gruppe von Ärzten und Biowissenschaftlern um den Virologen Oliver Ebert gelang es, ein Virus namens Vesikuläres Stomatitis Virus so zu bearbeiten, dass es Tumorzellen befallen und auflösen konnte, ohne die gesunden Zellnachbarn mit in den Tod zu reißen.

Viren haben sich überhaupt in der medizinisch motivierten Forschung als nützlich erwiesen, die sich bemüht, Übertragungen von Genmaterial vorzunehmen. Die dazu benötigten Genfähren spürt sie in Form von Viren auf, die offenbar auch ohne Ermutigung durch den Menschen Wege gefunden haben, ihr Erbmaterial in anderen Genomen zu verbreiten. Zu den überraschenden Einsichten des zu Beginn des 21. Jahrhunderts mehr oder weniger abgeschlossenen Humanen Genomprojekts, durch das die Erbinformation von menschlichen Zellen lesbar gemacht wurde, gehört die Feststellung, dass knapp 10 Prozent unseres Erbmaterials von Viren stammen. Mit anderen Worten, Viren haben maßgeblich zur Evolution des Menschen beigetragen, auch wenn wir noch nicht sagen können, was dabei im molekularen oder zellulären Detail abgelaufen ist.

Und um ein letztes Beispiel für die erwünschte Qualität von Viren anzuführen, sei auf die »guten« Zwischenformen des Lebens hingewiesen, die vor einigen Jahren im Meerwasser entdeckt wurden und inzwischen bei der Hummerzucht Einsatz gefunden haben. Neben Viren, die menschliche Zellen angreifen, gibt es auch Viren, die Bakterien bevorzugen. Diese Sorte wird inzwischen verwendet, um die gezüchteten Hummer von Bakterien zu befreien, die für die Schalentiere (und damit für die Gourmets unter uns) schädlich sind.

Übrigens – die weitaus meisten Viren kennen wir noch nicht. Vielleicht finden wir dabei noch mehr Freunde, die unserem Überleben zuträglich sind. Vielleicht aber auch nicht.

Krankheiten haben immer mit einem
Verlust an Ordnung zu tun

Wer den folgenden Satz liest und kein Experte ist, wird ihm sicher zustimmen: »Gesundheit stellt eine stabilisierte Ordnung der Lebensvorgänge dar, und Krankheit kommt durch eine Störung oder einen Verlust dieser Ordnung zustande.« Tatsächlich hat sich jedoch herausgestellt, dass Organismen durch ihre Komplexität Eigenschaften aufweisen, die den Übergang von geordneten in ungeordnete Zustände ermöglichen, die inzwischen als »chaotisch« bezeichnet werden. Der Zustand der Gesundheit enthält deshalb sowohl Elemente der Ordnung als auch des Chaos, und für Krankheiten gilt dasselbe.

Als Beispiel für eine Krankheit, die durch eine erstarrte Ordnung zu kennzeichnen und in der es im Gewebe zu einem Verlust der Möglichkeiten gekommen ist, chaotisch zu reagieren, kann die Osteoporose genannt werden, von der unsere Knochen betroffen sind. Ihre Masse schwindet. Die Untersuchungen zeigen, dass neben vielen anderen Parametern die Konzentration eines Hormons von Bedeutung ist, das als Parathormon bekannt ist, aus der Nebenschilddrüse stammt und den Knochenumsatz reguliert (wozu viele biochemische Details gehören, auf die wir hier nicht eingehen können).

So merkwürdig es klingen mag: Bei gesunden Menschen schwankt die Konzentration des Hormons regellos und chaotisch, während sie bei betroffenen Patienten stabil (starr) bleibt. Der Schluss liegt auf der Hand, dass normales Knochenwachstum an die chaotischen Schwankungen eines Hormons gebunden ist, deren Versiegen zur Krankheit führt. Ähnliche Phänomene – Verlust an schwankendem Chaos und Erstarren von stabiler Ordnung – können auch bei anderen endokrinen Erkrankungen nachgewiesen werden, und sie finden sich darüber hinaus bei Störungen der Herztätigkeit und der Atmung. Daraus darf natürlich nicht geschlossen werden, dass Chaos gesund ist. Aber ein bisschen Unordnung gehört zum Leben wohl dazu. Starrheit und Sturheit sind offenbar auch dann schlecht, wenn sie auf einer Ordnung aufbauen.

Gene programmieren das Leben

In den Gesprächen, in denen der Philosoph und Ideenhistoriker Raymond Klibansky seine *Erinnerung an ein Jahrhundert* schildert, kritisiert er die Soziologen, die nach Max Weber kamen. Für sie – so Klibansky – bestand die Aufgabe ihrer Wissenschaft schlicht und einfach darin, »die Geschichte im Lichte bestimmter Begriffe zu bemeistern«. Wenn einer von ihnen »einen bestimmten Begriff benennen konnte, der die Phänomene zu erfassen schien, glaubte [die Zunft] schon, sie zu begreifen«.

Was Klibansky für die Soziologen des 20. Jahrhunderts feststellt, lässt sich spielend leicht auf die Biologen des 21. Jahrhunderts übertragen, die zu viel mit den Genen hantieren und sich zu wenig über ihre Komplexität wundern. Wenn sie einen Begriff zur Verfügung haben, der nicht ganz an den Phänomenen vorbeigeht, glauben sie schon, etwas von der Sache verstanden zu haben. Als konkretes Beispiel für diese Behauptung soll der Begriff des genetischen Programms dienen, ohne den scheinbar nicht begriffen werden kann, wie sich das Leben entwickelt.

Das »Programm« hatte zu Beginn dieses Jahrhunderts zum ersten Mal Hochkonjunktur, als medienversessene Mediziner sogar in der Tagesschau ankündigen durften, einen Menschen klonieren zu wollen. Das Wort »Programm« nehmen wieder alle Experten in den Mund, seit die Möglichkeit erörtert wird, auf ethisch unbedenkliche Weise Stammzellen zu gewinnen, die zu therapeutischen Zwecken genutzt werden sollen.

Neu-, um- und reprogrammieren

Wann immer sich einer der Experten gegen das (wirklich widerliche) Klon-Vorhaben äußerte und dabei weder auf moralische noch auf ethische Bedenken einging, sondern nur wissenschaftliche Sorgfalt und Machbarkeit im Auge hatte, griff er zu ein und demselben Begriff, eben dem des Programms beziehungsweise der Programmierung. Ian Wilmut, der geistige »Vater« von Klonschaf Dolly, warnte darum zum Beispiel dringend davor, seine Methode auf den Menschen zu übertragen, weil in einem klonierten Embryo »die Neuprogrammierung des übertragenen Zellkerns« anders vor sich geht als bei der normalen Befruchtung. Zwar habe man die »Zellprogrammierung« in einem Embryo noch nicht ganz verstanden, aber bei der »Reprogrammierung seiner Gene« könnten sich sicher leicht Fehler einschleichen, stellten sich Wilmut und seine Kollegen vor. Und auf diese mechanische Weise schienen sie mehr oder weniger einfach die Beobachtungen erklären zu können, dass die meisten klonierten Tiere während der Embryonalentwicklung absterben oder krank zur Welt kommen. Deshalb liegt die Vermutung nahe, dass dies wahrscheinlich erst recht mit klonierten Menschen passieren wird.

In letzter Zeit geht es weniger um Menschen und mehr um Stammzellen, und zwar um künstlich hergestellte. Wer zum Beispiel aus Hautzellen die potenten Stammzellen gewinnen will, muss seinem Ausgangsmaterial die Spezialisierung nehmen, die es im Lauf der Entwicklung erreicht hat, und diesen Schritt beschreiben, den Forscher einstimmig als »Reprogrammierung« bezeichnen, also mit demselben Wort, das Wilmut vor Jahren, ohne es zu verstehen, in die Debatte geworfen hat. Ob ein solches Resetprogramm funktioniert, darf man die Biologen nicht fragen. Sie machen sich nämlich gar keine Gedanken über ihre Metaphern und meinen unbedacht und unbegründet, dass die Natur nach dem vorgeht, was Softwareingenieure Programm nennen. In diesem Beitrag soll gezeigt werden, dass dies nicht der Fall sein kann.

Leider haben wir uns an das Programm gewöhnt, wie man inzwischen in allen Zeitungen nachlesen kann und wie auch zur Zeit der Niederschrift dieses Beitrags der umtriebige Biochemiker Craig Venter von sich gibt, der sich selbst als Apparat vorstellt, der seine Software lesen kann. An dieser Stelle sind die Journalisten auch mit den Wissenschaftlern einig. Sie singen alle zusammen das Hohelied des genetischen Programms, das es erlaubt, das Leben zu reprogrammieren, wobei es manchmal auch neu- oder umprogrammieren heißt. Die Sänger geben sich große Mühe mit der Stimmlage und merken gar nicht, dass sie dabei von einer Sache künden, die es im Leben der Zellen so gut wie gar nicht gibt.

Im Alltag kennen wir Programme aller Art – Kino-, Fernseh-, Reise-, Partei- oder Waschmaschinenprogramme –, und es steht außer Frage, dass der Begriff in diesen Verbindungen sinnvoll zu verstehen ist. Dies gilt auch noch bei einem Computer, der aus Software und Hardware besteht und also ein Gerät ist, das seine Aufgaben zum Beispiel mithilfe eines Rechenprogramms oder durch Anwendung eines Schreibprogramms ausführt. Zweifellos können sich sowohl Maschinen als auch Menschen – jeder auf besondere Weise – an Programme halten, und dies ist es, was den Begriff allzu leicht verständlich und somit allzu verführerisch macht.

Wo bleibt das genetische Programm?

Aber kommen wir damit auch bei den Zellen und ihren Genen weiter? Gibt es auf dieser Ebene tatsächlich so etwas wie ein genetisches Programm, das vom Beginn des Lebens an funktioniert und im Verlauf der Entwicklung dauernd erneuert wird, während der Embryo wächst und seine Zellen sich wandeln?

Die Antwort heißt so eindeutig Nein, dass man sich wundern muss über die Hartnäckigkeit, mit der sich der Begriff hält. Der Verdacht will nicht weichen, dass hier neben einer zwar verständlichen, aber verantwortungslosen Gedankenlosigkeit auch das dringende Bedürfnis der Wissenschaft nach Popularität eine Rolle spielt. Computerprogramme sind eben in Mode, und an der möchte man doch wenigstens ein wenig partizipieren. Doch leider zeigt die Anwendung des Programmbegriffs auf die Entwicklung des Lebens nicht, wie gut Biologen komplizierte Zusammenhänge erläutern können. Sie offenbart vielmehr das Gegenteil, nämlich wie phantasielos viele Genetiker ihre Gegenstände betrachten und beschreiben. Statt sich Gedanken über die mannigfachen Regelmäßigkeiten zu machen, mit der die Natur ihre Vielfalt erreicht, und sich zu bemühen, zwischen verschiedenen Ordnungsmechanismen Unterschiede zu erkennen, decken solche Genetiker alles Geschehen mit dem einen Begriff der Programmierung zu und verstehen den Menschen in einem Maschinenbild. Dabei kann an einem einfachen Beispiel aus dem Alltag erläutert werden, warum nicht alle gleichartigen Abläufe programmatisch sein müssen und mehr Intelligenz zu ihrem Verständnis gefordert ist, als die Benutzung des Wortes »Programm« erfordert:

An einem Theaterabend kann man zwei Bereiche unterscheiden: das, was auf der Bühne passiert, und das, was im Zuschauerraum vor sich geht. Für das, was die Schauspieler auf der Bühne tun, gibt es einen Text, und insofern lässt sich sagen, dass ihre Handlungen programmatisch ablaufen (die ein Regisseur oder Dramaturg sogar neu regeln – umprogrammieren – kann). Für das, was die Zuschauer tun, gibt es Regeln (Etikette), aber keinen Text. Zwar spielen sich jeden Abend etwa die gleichen Szenen ab – jemand hustet, jemand lacht, jemand schläft ein, jemand trinkt etwas in der Pause –, aber die hier zu verzeichnende hohe Regelmäßigkeit ist auf keinen Fall programmiert.

Das kleine Programm des Lebens

Von einem programmatischen Geschehen kann man nur sprechen, wenn es neben dem anvisierten Geschehen noch ein zweites Ding gibt, das dazu genau passt (isomorph ist) und es zeitlich regelt – eben das Programm. Wer nun mit dieser Vorgabe das Leben einer Zelle (beziehungsweise unsere Kenntnis davon) betrachtet, wird tatsächlich einen Ablauf erkennen, der programmatisch vor sich geht. Gemeint ist der erste Schritt bei der Herstellung der Genprodukte, die als Proteine bekannt sind und die letztlich ganze biochemische Arbeit in einer Zelle leisten. Die Synthese der Proteine beginnt mit der Umwandlung einer Gensequenz in die Folge der Bausteine, aus der das Protein besteht. In der Fachsprache spricht man dabei von ihrer Primärstruktur, und man sagt, dass die Reihenfolge der Genbausteine in die Reihenfolge der Proteinbausteine übertragen wird. Dieser Schritt, die Herstellung dieser Struktur, ist zwar offenkundig programmatisch, aber danach ist Schluss für diese Vokabel. Mit der Primärstruktur der Proteine endet das Programm in der Zelle, die sich nun auf andere Formen der Naturgesetzlichkeit (Algorithmen) einlässt.

Mit ihrer Primärstruktur allein können die Proteine noch nicht aktiv werden. Um ihre zellulären Aufgaben zu erfüllen, müssen sie sich noch raffiniert entfalten und besondere Strukturen annehmen, die weit über die programmierte Kettenform hinausgehen. Die dazugehörige Faltung erfolgt dabei nachweislich nicht mehr nach den Vorgaben der Gene, sondern in Abhängigkeit von dem Milieu, in dem sich das Genprodukt befindet. Dieser Vorgang verläuft sicher höchst regelmäßig, aber hinter ihm steckt auf keinen Fall ein Programm und erst recht kein Programmierer.

Selbst in der zuletzt erreichten aufgefalteten und empfindlichen Konfiguration gehen die meisten Proteine noch nicht an die Arbeit. Sie suchen sich Partner, fügen sich in Familien ein und bilden vermutlich sogar Netzwerke, wobei dies erneut nur ein Modewort ist, das vermutlich mehr Sünden des Denkens zudeckt als Einsichten aufdeckt. Tatsächlich weiß niemand genau, was nötig ist, um die Genprodukte funktionsfähig zu machen, und man soll auch mit dem Rückgriff auf Programme nicht so tun, als ob man da den Durchblick habe. Denn eines lässt sich auch bei allem Nichtwissen sagen: Ein genetisches Programm spielt die kleinste Rolle, wenn das Leben seine Form sucht, wenn ein Embryo sich entwickelt oder eine Stammzelle sich auf den Weg ihrer Spezialisierung macht. Wie die dabei zutage tretende Zuverlässigkeit des biologischen Geschehens von der Natur garantiert wird, bleibt bislang verborgen – und dies wird umso länger der Fall sein, je mehr von den Programmen geredet wird, die hier scheinbar ablaufen sollen.

Das Fehlen einer Kommandozentrale

Was bis jetzt gesagt wurde, gilt innerhalb einer einzelnen Zelle. Dies lässt die Frage offen, ob es nicht sein kann, dass der Begriff »Programm« sinnvoll wird, wenn man das Zusammenspiel der Zellen betrachtet, das Entwicklung heißt und einen lebensfähigen ganzen Organismus hervorbringt.

Tatsächlich hält sich selbst in Wissenschaftskreisen hartnäckig die Idee, dass die Entwicklung eines Embryos nach Instruktionen (Programmen) abläuft, die in den Genen niedergelegt sind. In den Vorstellungen vieler Biologen liefern die Gene einen Plan (ein Programm), der in den Zellen umgesetzt wird. Entwicklung ist dann nichts anderes als eine Form der Fabrikation, was heißt, dass Menschen und andere Lebensformen so entstehen wie Autos oder andere Geräte.

Diese Bemerkung erlaubt einen Hinweis auf den Grund für die Langlebigkeit der unsinnigen Programmidee. Selbst bei Wissenschaftlern übt nämlich der gesunde Menschenverstand seinen mächtigen Einfluss aus. Gern flüstert er ihnen ein, dass ein so komplexes Geschehen wie das Hervorbringen eines Lebewesens eine Zentrale braucht, einen Chef, einen Chefprogrammierer, der den Überblick über die einzelnen Schritte hat. Es fällt ungeheuer schwer, sich klarzumachen und ernst zu nehmen, dass das Leben anders vorgeht und die Zellen vor allen Dingen selbst »wissen« beziehungsweise »herausfinden«, was sie zu tun haben, und zwar in Abhängigkeit von Signalen und Botenmolekülen, die sie ihrer Umgebung entnehmen.

Es wäre zwar schön, wenn es im Leben eine »central processing unit« gäbe, wie Computer sie kennen, aber das Leben ist nun einmal nicht so. Wahrscheinlich verfügt es ja gerade deshalb über die wunderbare Eigenschaft, die Computer wohl bis zum Ende aller Tage nicht erwerben: die Fähigkeit, sich selbst zu machen, und zwar von innen heraus (und ohne Programm).

Es ergibt tatsächlich überhaupt keinen Sinn, das Leben als Computer zu betrachten und dessen Zweiteilung in Hardware und Software in die Biologie zu übertragen, etwa dadurch, dass man die Gene als Software und die Proteine als Hardware bezeichnet. Schließlich ist das Programm eines Computers unabhängig von dessen Hardware. Man kann ein Gerät bekanntlich ohne Software kaufen. Und es ist darüber hinaus auf keinen Fall von einem der Programme hergestellt worden, die später auf ihm laufen.

Das Leben funktioniert völlig anders als eine Maschine (und nicht wie Menschen, die Maschinen nach einer Vorgabe bauen). Im biologischen Leben kommt der Organismus – die Hardware in der gewählten Metapher – als Ergebnis des genetischen Treibens zustande, also des Programms, wie es leichtfertig im falschen Bild heißt. Die Software des Lebens wäre, wenn es sie gäbe, dafür verantwortlich, die Hardware hinzubekommen, die ihrerseits das Programm laufen lassen soll. Mit anderen Worten, in dem Computerbild des Lebens betreibt die Hardware die Software, die zur selben Zeit die Hardware hervorbringen muss. Es kann also nur Verwirrung stiften, wenn wir die sinnvollen Konzepte der Chip-Welt in die Gen-Welt übertragen.

Die falsche Trennung

Kein Leben – vor allem kein menschliches Leben – wird so nach Plan gefertigt, wie es bei einem Industrieprodukt geschieht. Dieses mechanische Vorgehen ist doch nur möglich, wenn schon vorher jemand existiert, der die Instruktionen lesen und umsetzen kann. Für ihn muss es selbstverständlich auch einen Plan gegeben haben, und zwar bevor er tätig wurde. Und genau dies kann im Rahmen einer Zelle nicht gelingen.

Das Konzept der Programmierung taugt allein deshalb nicht, um die Entwicklung des Lebens zu verstehen, weil es grundsätzlich keine gute Idee ist, bei diesem Vorgang Plan und Ausführung zu trennen. Beide gehören eng zusammen, wie die jüngsten Einsichten der Entwicklungsbiologen zeigen, die im Chor der Biomediziner überhört werden. Die Gene und ihre Auswirkungen gehören sogar so eng zusammen, dass man geneigt sein könnte, anstelle des Maschinenbilds ein schöneres zu benutzen. Wenn Menschen entstehen, läuft kein Programm ab, sondern vielmehr so etwas wie ein Schöpfungsvorgang, wobei nicht die Kreativität eines Gottes, sondern die eines Künstlers gemeint ist. Vielleicht entstehen wir so wie die Werke eines Malers. Beim Malen fängt der Prozess mit einer Vorstellung im Kopf des Künstlers an, und seine Fortführung hängt von den Ergebnissen ab, die während der Bildkreation auf der Leinwand sichtbar werden. Bei der Embryonalentwicklung fängt der Prozess im Kern der Zelle an, und seine Fortführung hängt von den Bildungen ab, die im Laufe der Zeit entstehen und von der Umwelt registriert werden.

Wer die Entstehung eines Bildes beschreibt und dabei den Schaffenden vom Geschafften trennt, geht an der Sache vorbei. Dies gilt auch für die Entwicklung des Lebens. Bei ihrer Beschreibung sollte man nicht versuchen, das Bildende von dem Gebildeten zu trennen, weil die Gene und ihre Produkte in kontinuierlicher Wechselwirkung stehen. Es ist dieses Zusammenspiel, das empfindlich gestört wird, wenn es ans Klonieren geht und wir spezialisierte Zellen dazu bringen wollen, noch einmal von vorne zu beginnen und statt etwas gut, alles besser zu machen. Sowohl der Menschenklon als auch die künstlich erzeugte Stammzelle müssen ohne all die Kreativität auskommen, die das Leben im Verlauf der Evolution erworben hat, um sich selbst hervorzubringen. Mit den uns zur Verfügung stehenden neuen Möglichkeiten dürfen wir nicht hinter die Geschichte des Lebens zurückfallen. Das dazugehörige Programm ist jetzt schon veraltet.

Das menschliche Genom
ist komplett sequenziert

Gene bestehen aus Molekülen, die in der Fachsprache als DNA abgekürzt werden und als eine sich windende Doppelhelix gebaut sind. Im Zentrum dieses schraubenförmigen Fadens des Lebens findet man vier Moleküle, die sogenannten Basen, die sich paarweise verbinden können. Die Basen Adenin und Thymin bilden dabei ebenso ein Paar (AT) wie die Basen Guanin und Cytosin (GC). Ein Gen kann somit als eine Folge von Basenpaaren notiert werden, wozu man auch Sequenz sagt. Dieser Begriff ermöglicht es dann, vom Sequenzieren eines Gens zu sprechen, wenn man die Reihenfolge der es ausmachenden Basenpaare bestimmt.

Nach dem Aufkommen der Gentechnik zu Beginn der 1970er Jahre sind Methoden entwickelt worden, um kurze Abschnitte aus DNA – Genstücke – zu sequenzieren. In den 1980er Jahren konnten diese Verfahren erweitert werden, um immer größere Gene in dem hier dargestellten Sinn offenzulegen. Dabei war oft davon die Rede, dass man Gene entschlüsseln könne, doch das ist ein irreführender Hinweis. Es lässt sich nämlich nur decodieren, was vorher codiert (verschlüsselt) worden ist, aber davon ist der Wissenschaft nichts bekannt.

Unabhängig davon wurden in den 1990er Jahren die Methoden zur Sequenzierung immer besser und zuverlässiger, und die gleichzeitig zunehmende Speicher- und Rechenkapazität von Computern ermutigte einige Wissenschaftler, nicht nur einzelne Gene, sondern gesamte Genome zu sequenzieren, also das komplette genetische Material, das sich in einer Zelle befindet – etwa in der Zelle eines Menschen. Sollte Krebs eine genetische Krankheit sein, so hoffte man, ihrer besser Herr zu werden, wenn man sämtliche Gene kennt. Man sprach bei dieser Aufgabe vom humanen Genomprojekt, dessen Ziel darin bestand, die Reihenfolge der drei Milliarden Basenpaare zu ermitteln, die das Erbgut eines Menschen ausmachen.

Erste Schätzungen zeigten, dass dieses Unterfangen etwa einen Dollar pro Basenpaar kosten würde, was aber niemanden abhielt, vom Lösen des Rätsels um das menschliche Genom zu träumen. Trotz aller Schwierigkeiten gelang es der Biologie, das Großforschungsprojekt zu realisieren. So wurde der Öffentlichkeit im Jahr 2000 tatsächlich mitgeteilt, das menschliche Genom sei entziffert. Überbringer der Botschaft war der damalige amerikanische Präsident Bill Clinton, der sich den Erfolg auf seine Fahnen schreiben wollte. Diese Jahreszahl hat etwas Mystisches an sich, man wollte der Menschheit zu Beginn des neuen Jahrtausends ihr Genom präsentieren, und da haben dann eben sowohl Wissenschaftler als auch Politiker gemeinsam geschwindelt. Tatsächlich lagen im Jahr 2000 gerade einmal 20 Prozent des Genoms vor, was die Frage erlaubt, wie es derzeit – zehn Jahre nach dem erfolgreichen Marketing-Gag – aussieht. Kennen wir das humane Genom nun vollständig? Ist uns seine Sequenz in allen Details bekannt?

Die Wissenschaft verbreitet diesen Mythos seit dem Jahr 2003, als die Entdeckung der Genstruktur – der Doppelhelix – ihren fünfzigsten Geburtstag feierte. Damals zelebrierte man zum zweiten Mal den offiziellen Abschluss des Humanen Genomprojekts, aber nur, um die Öffentlichkeit erneut zu täuschen. Tatsächlich fehlen bis heute Sequenzen von Millionen von Basenpaaren, wobei es sich vor allem um DNA-Abschnitte handelt, die sich in der Mitte und an den Enden der

Chromosomen befinden. Damit sind die Zellstrukturen gemeint, in denen man die Gene oder das Genom findet. Die bislang unbekannten Sequenzen sind repetitiv, das heißt, dass kurze Folgen von Basenpaaren scheinbar endlos wiederholt werden, und es leuchtet ein, dass es Mühe macht, sich in diesem Bereich zu orientieren.

Aus Fachkreisen ist vielfach zu vernehmen, dass es ohne besondere Bedeutung sei, wenn diese dauernd wiederholten DNA-Sequenzen uns nicht bekannt seien. Sie würden wahrscheinlich nur als Platzhalter dienen. Tatsächlich? Immerhin machen sie 10 Prozent des gesamten Genoms aus, und es wäre einer wissenschaftlichen Denkweise eher angemessen, die Möglichkeit offenzuhalten, dass die Natur an dieser Stelle noch eine Überraschung bereithält. Wir kennen das humane Genom bis heute nicht vollständig. Wir leben aber seit zehn Jahren in dem Glauben, es zu tun. Der US-Präsident hat es doch damals gesagt, und niemand hat ihm öffentlich widersprochen.

Eine Biene opfert sich, indem sie ihren Stachel stecken lässt

Wer über Bienen Bescheid wissen will, dem sei dringend das Buch *Phänomen Honigbiene* von Jürgen Tautz ans Herz gelegt. Hier wird auch der Stachel-Mythos erklärt. Er findet sich in dem Kapitel, das von den »Funktionen der Wabe« erzählt, in denen der Honigvorrat angelegt ist. Der »voluminöse süße Schatz« weckt natürlich die Begehrlichkeiten von Räubern, und hier bekommt der Stachel seine Bedeutung, denn »gerade gegen die Bedrohung aus dem Bienenlager [konkurrierender Nachbarkolonien], die besonders im Spätsommer unter ungünstigen Trachtbedingungen gewaltig anwächst, setzen die Bienen ihren Giftstachel ein«, wie Tautz schreibt, wobei »Tracht« als Oberbegriff der Nahrung dient, die die Bienen zusammentragen.

Weiter heißt es:

Sticht eine Biene eine andere Biene, bekommt sie ihren Stachel problemlos aus dem Opfer wieder heraus. Dass später in der Evolution Tiere wie die Säugetiere auftraten, aus deren Gewebe der Stachel mit seinen Widerhaken nicht mehr herauszulösen ist, ist für die Bienen nicht »vorhersehbar« und kann eher als »Unfall« ausgelegt werden. Wird der Stachel mitsamt anhängender Giftblase, winzigen Muskeln und Nervenzellen aus der Biene herausgerissen, stirbt die Stecherin an der gewaltigen Wunde in ihrem Hinterleib. Der zahlenmäßige Verlust an Bienen, die so ihr Leben lassen, ist allerdings für eine Kolonie derart vernachlässigbar gering, dass es keine Selektion Richtung glatte Stachel gegeben hat.

Mit anderen Worten: Da opfert sich niemand, da hat nur jemand Pech. Man könnte auch sagen: dumm gelaufen.

Menschen sind unterschwellig beeinflussbar

Natürlich sind Menschen beeinflussbar – die Experten der Werbung werden hoch bezahlt, um diese Schwäche auszunutzen, und so wecken sie unsere Begehrlichkeiten mit unerwarteten Geschenken, eleganten Sprüchen, raffinierten Berechnungen und vielen anderen Praktiken der Manipulation, die man etwa in dem Buch über *Die große Verführung* nachlesen kann, das Robert Levine 2003 vorgelegt hat. Der Titel spielt auf das berühmte Buch an, das Vance Packard in den 1950er Jahren herausgebracht hat, um uns *Die geheimen Verführer* vorzustellen, mit denen die Werbefachleute jener Tage die Menschen zu beeinflussen suchten, und zwar so, dass sie es nicht merkten. Die Verführung sollte im Geheimen stattfinden, also unsichtbar bleiben, und als eine der hinterhältigsten Formen dieser Manipulation stellte Packard die Technik der subliminalen Beeinflussung vor, die auf Deutsch »unterschwellig« heißt.

»Unterschwellig« – das sollte heißen, dass Menschen visuellen Reizen ausgesetzt wurden, die zu kurz dauerten, um in ihr Bewusstsein dringen zu können, die aber lange genug währten, um vom Auge wahrgenommen und in das Gehirn geleitet zu werden, wo das Signal dann im Unbewussten seine Wirkung entfaltete.

Als Beispiel für ein Medium zur Vermittlung unterschwelliger Reize nannte Packard den Film, der dem Auge vierundzwanzig Bilder pro Sekunde anbietet, um die Illusion der Bewegung zu erzeugen, und in solch einen Filmstreifen waren einzelne Bilder eingeschnitten, die entweder ein Getränk oder einen Snack zeigten. Die Folge sei, so die Behauptung, dass nach der Vorführung die Umsätze der subliminal angebotenen Waren in die Höhe schnellten. Packard zitierte das *Wall Street Journal*, das über die Manipulation als neue Art der Werbung berichtet hatte, und die Leser und andere Leute glaubten seinen Worten. Die unterschwellige Verführung galt als ausgemacht, und so fand sie Eingang in Kriminalfilme, in denen der Mörder sein Opfer durch subliminale Reize – ein kühles Bier – dazu bringt, seinen Platz im überheizten Kinosaal zu verlassen, um im Vorraum nach einer Abkühlung zu suchen, wo aber nur der Täter mit gezückter Waffe auf ihn wartet.

Packards Darstellung galt als derart überzeugend und wirkte so glaubwürdig, dass etwa der Bundesstaat New York 1958 ein Gesetz verabschiedete, in dem Werbung mit unterschwelligen Reizen verboten wurde – was man sich aber hätte sparen können. Denn tatsächlich sind durchweg alle Versuche gescheitert, eine Wahrnehmung unterhalb der Wahrnehmungsschwelle nachzuweisen, und praktische Anwendungen dieser Idee hat es seit Jahrzehnten nicht mehr gegeben. Wie außer den Hirnforschern inzwischen auch Werbefachleute wissen, erlaubt allein die Kürze von visuellen Reizen, die in Experimenten angeblich angeboten wurden, starke Zweifel daran, dass ein Proband sie identifizieren kann. Darüber hinaus muss das Gesehene verstanden werden, um ein bestimmtes Verhalten auszulösen, und dies fordert dem Gehirn zusätzlich Zeit ab.

Wenn es überhaupt zu einem subliminalen Wahrnehmen kommt, dann geht dies nur mit dem vegetativen Nervensystem, doch von hier aus lässt sich kein kausaler Zusammenhang zum Inhalt des angebotenen Reizes herstellen. Bleibt die Frage, warum die Mär sich halten konnte und auch heute noch überzeugend wirkt, wenn man die Filme aus den 1970er Jahren sieht, die uns mit diesem geheimen Verführer etwas vorspielen.

Das muss wohl mit dem umfassenden Mythos zusammenhängen, den man als die Legende von der – oder die Angst vor der – beliebigen Manipulierbarkeit des Menschen bezeichnen kann. Haben nicht die Jahre der nationalsozialistischen Diktatur gezeigt, wie leicht Menschen formbar sind? Hören wir nicht dauernd von manipulativer Gehirnwäsche – im Krieg oder in Form von Umerziehungsprogrammen? Träumt nicht jede revolutionäre Bewegung von der Möglichkeit, durch geeignete Propaganda den neuen Menschen zu schaffen?

Wenn die empirisch belegten Befunde stimmen, können wir dank der Wissenschaft beruhigt sein. Der Mensch ist manipulierbar, aber nur in Maßen. Das fügt sich gut mit der Schwierigkeit zusammen, genau sagen zu können, wie er denn sein soll, der neue, der wesentlich manipulierte Mensch. Die Wissenschaft stellt zu ihrer und meiner Freude immer wieder fest, dass er bereits jetzt ziemlich gut ist. So soll und kann es bleiben.

NACHKLANG

Vom richtigen Umgang mit
einer Macht ohne Mandat

Die Vielfalt der Mythen ist mit dem bis hier angebotenen Material noch lange nicht erschöpft. Man könnte nahezu beliebig weiter fortfahren und von Hautmythen erzählen – sonnenbraune Hautfarbe zeigt angeblich, wie gesund man ist –, Schlafmythen ausbreiten – Schlaf vor Mitternacht soll erholsamer als der danach sein –, Zeckenmythen vorstellen – Zecken fallen scheinbar von Bäumen und lassen sich gerüchteweise durch Öle ersticken –, auf Hirnmythen eingehen – die Zahl der Neuronen, so wird verkündet, nimmt in unserem zentralen Nervensystem (ZNS) vom Tag der Geburt an nur ab und lässt uns irgendwann dahinsiechen –, den Pfauenmythos zerstören – sein Prachtgefieder gilt als ein schweres Handikap, das seine Überlebenschance deutlich verringert –, wissenschaftspolitische Legenden ansprechen – mehr Forschung sorgt politischen Broschüren zufolge für sinkende Kosten im Gesundheitswesen – und immer so weiter.

Wir unterlassen das alles bis auf einen Hinweis auf den Pfauenschwanz, der seinem Träger tatsächlich nicht nur beim Bezirzen der Hennen Vorteile bietet. Er erlaubt es dem Pfauenhahn zum einen, rasch davonzufliegen und Höhe zu gewinnen, um dabei Fressfeinden auszuweichen, und zum andern, das Gefieder zur Entsorgung von überschüssiger Energie einzusetzen. Damit ist die wohlgeformte und farbige Schönheit des Rads noch nicht erklärt, aber es geht auch nicht mehr, es leichtfertig und rasch als reines Handikap abzutun, das die Evolution dem Pfau aufgebürdet hat.

Die Grenzen der Aufklärung

Unabhängig davon dürfen wir uns fragen, was aus dem Tatbestand zu lernen ist, dass es offenbar eine größere Lücke gibt zwischen dem, was eine aufklärende Wissenschaft mit ihren Methoden herausfindet, und dem, was eine aufgeklärte Gesellschaft mit ihren Medien zur Kenntnis nimmt und zu ihrem Basiswissen macht. Viele Ergebnisse, die im Rahmen naturwissenschaftlicher Forschungen erzielt werden, kommen leider bei denen nicht an, für die sie unternommen werden und die zudem dafür bezahlen müssen. Das gilt nicht nur für die hier angeführten Legenden, sondern auch für Nachrichten aus Wissenschaft und Technik, die kaum in die Schlagzeilen geraten und denen damit keine (aktuelle) Bedeutung beigemessen wird.

Was die Mythen anbelangt, so kann man einen Teil ihrer Hartnäckigkeit mit dem rigorosen Festhalten an Wunschvorstellungen erklären. Zudem lässt sich etwa mit einem schlechten und renitenten Schüler Einstein eine bessere Geschichte erzählen als mit einem braven und strebsamen Pennäler. Ein anderer Teil der Langlebigkeit von Legenden kann dem gesunden Menschenverstand zugesprochen werden, der stets auf der Suche nach unmittelbar einleuchtenden Erklärungen ist und sich deshalb nicht weiter wundert, wenn man ihm sagt, er ruhe sich bloß aus, wenn er schlafe. Es gilt, diese Trägheit des Geistes zu überwinden, und es lohnt sich, mit der Trägheit der Materie selbst anzufangen und zu verstehen, was Newton damit gemeint hat. Das war unser Anliegen mit diesem Buch.

»Die Bildung des wissenschaftlichen Geistes«

Damit kommen wir zu einer Fähigkeit der Naturwissenschaft, die selbst von einem großen Philosophen wie René Descartes übersehen worden ist, der in seinen Schriften die Prinzipien des wissenschaftlichen Vorgehens noch ganz auf den Alltagsverstand zurückführen wollte. Tatsächlich gilt eher, was sein Landsmann Gaston Bachelard festgestellt hat, als er »die Bildung des wissenschaftlichen Geistes« beschrieben hat. Er erkannte – wie bereits angedeutet –, dass es das Kennzeichen einer wahrhaft wissenschaftlichen Erfahrung ist, in Widerspruch zu den Erfahrungen zu geraten, die wir im Alltag – mit unserem Common Sense – machen. Und an dieser Stelle steckt ein Problem, das in den Kreisen vollkommen ignoriert wird, die sich – löblich und vergeblich – um ein öffentliches oder allgemeines Verständnis oder Verstehen von Wissenschaft bemühen, also um das, was offiziell »Public Understanding of Science« heißt und aus guten Grund nicht ins Deutsche übersetzt wird.

Das Problem liegt in der Tatsache, dass der Öffentlichkeit suggeriert wird, man könne ihr mit einfachen Bildchen etwas über die Naturwissenschaften erzählen – Urknall, schwarze Löcher, Genprogramme, Gedächtnis als Festplatte, Buch des Lebens –, und zwar mit Bildern, die den gewohnten Anschauungen entsprechen und mit Alltagswissen bewältigt werden können. In Wirklichkeit müssen aber beide Bequemlichkeiten aufgegeben, schwierige Opfer gebracht und Gewohnheiten geändert werden. Tatsächlich erfordert ein Verständnis von Wissenschaft die »Bildung des wissenschaftlichen Geistes«, und damit ist ein Lernvorgang, ein Prozess gemeint, für den man selbst aktiv werden und sein Denken in Gang setzen muss.

Leider suggerieren uns nach wie vor die flotten Sprüche von flotten Moderatoren oder die launigen Sätze von launigen Autoren, dass sie uns alles mundgerecht und mühelos servieren können. Wenn dies auf den ersten Blick auch angenehm wirkt, so verpassen wir durch diese medial beliebte und praktizierte Täuschung leider die Chance, wirklich etwas von den Naturwissenschaften und ihren Qualitäten zu verstehen.

Die historische Dimension

Die Bildung des dazugehörigen Geistes oder Denkens hat sich nicht an einem Tag, sondern im Lauf einer viele hundert Jahre dauernden Geschichte vollzogen. Es ist unter anderem diese Geschichte, die zwar zu jeder Vermittlung – Weiterbildung – von Wissenschaft gehört, aber vollkommen ignoriert wird, wenn ihre Erkenntnisse vorgestellt werden. Das Verstehen etwa von Atomen im Rahmen der Quantenmechanik oder von Genen im Rahmen der Molekularbiologie muss meines Erachtens historisch erläutert werden, weil nicht nur der heute lernwillige Laie anfänglich mit Alltagswissen und Hausverstand an die Sache herangeht, sondern weil das die Physiker und Biologen auch getan haben, die den Weg zur Bühne, auf der die Atome und Gene agieren, für uns gefunden und begehbar gemacht haben.

Ohne die Dimension der Geschichte versteht man die moderne Wissenschaft nicht. Ohne die Dimension der Zeit lassen sich auch keine Legenden ausräumen, die ja einmal aus meist verständlichen Gründen entstanden sind und danach erst angezweifelt und verworfen oder abgelöst werden konnten. Und ohne die Dimension der Entwicklung verstehen wir auch nicht, welche Rolle die Wissenschaft tatsächlich in der Formung unserer Gegenwart – also in der Geschichte unserer auf Wissen basierenden Gesellschaft – spielt.

Eine vierte Gewalt

Wir können stolz darauf sein, in einer demokratischen Ordnung mit einer Gewaltenteilung zu leben. Aber wir dürfen nicht übersehen, dass sich den klassischen drei Gewalten, die im 18. Jahrhundert getrennt worden sind, weitere hinzugesellt haben. Die Presse oder allgemein die Medien werden oft als vierte Gewalt im Staat angeführt, und ihr Einfluss ist auch kaum zu übersehen. Ignoriert wird aber der Einfluss der Naturwissenschaften auf unsere Geschichte und erst recht auf unsere Gegenwart mit ihren elektronischen Kommunikationsformen, mit preiswerten Massentransportmitteln, mit erschwinglicher Energie, mit durchgängiger medizinischer Versorgung und vielen anderen Entwicklungen, die den Gedanken nahelegen, hier wirke sich eine weitere Macht im Staat aus. Unsere industrielle Stärke – Maschinenbau, Autos, Chemie und vieles mehr – beruht auf Wissenschaft und Technik, die deshalb eher als vierte Macht im Staat wirkt und auf die wir somit angemessen eingehen müssen.

Bereits in den frühen 1960er Jahren wurde moniert, dass westliche Gesellschaften die stärker werdenden Naturwissenschaften wie einen fremden Gott behandeln, von dessen Werken sie gern lebten, von dem sie aber sonst nichts wissen wollten. Als in den 1970er Jahren Jürgen Habermas, der prominente Repräsentant der sogenannten Suhrkamp-Kultur, *Stichworte zur »Geistigen Situation der Zeit«* auflistete, kamen die Naturforschung und die technischen Themen – etwa die genetische

Information und ihre Veränderung oder die Entwicklung von Maschinensprachen – nicht einmal in einer Fußnote vor.

Mit anderen Worten, die Bildung des aktuellen Geistes ist ohne Beachtung der Bildung des wissenschaftlichen Geistes vonstattengegangen, und dieses Versäumnis wirkt sich durch öffentliche Hilflosigkeit aus. Wer in den erwähnten Bänden der edition suhrkamp mit der Nummer 1000 noch tiefsinnig über Nierentische, Couchecken, Jeans und »Grübelgegenbilder« nachgesonnen hatte, sah sich plötzlich verständnislos den Auswirkungen der Macht gegenüber, die man so gern lange abgeschoben hatte. Auf einmal waren sie da, die Gentechnik und die Möglichkeit, ganze Genome kennen zu lernen, der Mikroprozessor und die Mittel, mit der ganzen Welt kommunizieren zu können. Plötzlich fiel die Legende in sich zusammen, dass man sein Leben führen und seine Wirklichkeit verstehen könne, ohne zu berücksichtigen, welche Möglichkeiten die Kultur der Naturwissenschaften mit ihren technischen Errungenschaften den Menschen eröffnet.

Schule und Wissenschaft

Wir benötigen den Erfolg des wissenschaftlichen Denkens, und wir werden ihn wollen müssen, wie Gaston Bachelard am Ende seines Buchs »mit würdevoller Gelassenheit« den Kollegen Edouard Le Roy zitiert. Die Wissenschaft hat zudem den Vorteil, das vielfach proklamierte lebenslange Lernen konkret zu verlangen. In ihr, so Bachelard, kann man seinen Lehrer ehren, indem man ihm widerspricht. Mit ihr dauert die Schule das ganze Leben hindurch. »Wissenschaft besteht nur durch eine permanente Schule, und diese Schule muss die Wissenschaft gründen.« Und wenn dies gelingt, zerstören wir den letzten Mythos, denn jetzt kehren wir die gesellschaftlichen Interessen um, und »die Gesellschaft wird für die Schule da sein und nicht die Schule für die Gesellschaft«. In dem Moment wird die Wissenschaft angekommen sein, wo sie herkommt und wo sie hingehört: bei den Menschen.

Literaturhinweise

Bachelard, Gaston: *Die Bildung des wissenschaftlichen Geistes.* Frankfurt a. M. 1978.

Berlin, Isaiah: *Die Wurzeln der Romantik.* Berlin 1999.

Beyer, Marcel: *Kaltenburg.* Frankfurt a. M. 2008.

Diamond, Jared: »Die Naturwissenschaft, die Geschichte und rotbrüstige Saftsäuger«, in: Robinson, James A. / Wiegandt, Klaus (Hg.): *Die Ursprünge der modernen Welt.* Frankfurt a. M. 2008, S. 45 – 70.

Emter, Elisabeth: *Literatur und Quantentheorie.* Berlin 1995.

Fauvel, John u. a.: *Newtons Werk – Die Begründung der modernen Naturwissenschaft.* Basel 1993.

Feynman, Richard P.: *QED.* München 1997.

Feldman, Burton: *The Nobel Prize – A History of Genius, Controversy, and Prestige.* New York 2000.

Fischer, Ernst Peter: *Kritik des gesunden Menschenverstandes.* Hamburg 1986.

—: *Die andere Bildung – Alles was man von den Naturwissenschaften wissen sollte.* München 2001.

—: *Am Anfang war die Doppelhelix.* München 2003.

—: *Einstein für die Westentasche.* München 2005.

—: *Die kosmische Hintertreppe.* München 2009.

Friedman, Robert M.: *The Politics of Excellence – Behind the Nobel Prize in Science.* New York 2001.

Fuhrmann, Manfred: *Caesar oder Erasmus?* Tübingen 1999.

Habermas, Jürgen (Hg.): *Stichworte zur »Geistigen Situation der Zeit«,* 2 Bände, Frankfurt a. M. 1979.

Hagner, Michael (Hg.): *Ansichten der Wissenschaftsgeschichte.* Frankfurt a. M. 2001.

Heilbron, John: *The Sun in the Church – Cathedrals as Solar Observatories.* Cambridge 2001.

Jonas, Hans: *Das Prinzip Verantwortung.* Frankfurt a. M. 1984.

Klibansky, Raymond: *Erinnerung an ein Jahrhundert – Gespräche mit Georges Leroux.* Frankfurt a. M. 2001.

Kosko, Bart: *Fuzzy Thinking.* New York 1993.

—: *Die Zukunft ist fuzzy.* München 1999.

Kreuzer, Helmut (Hg.): *Die zwei Kulturen – Literarische und naturwissenschaftliche Intelligenz, C. P. Snows These in der Diskussion.* München 1987.

Matt, Peter von: *Öffentliche Verehrung der Luftgeister.* München 2003.

Levine, Robert: *Die große Verführung.* München 2003.

McNeill, Daniel / Freiberger, Paul: *Fuzzy Logik.* München 1994.

Mulisch, Harry: *Die Prozedur.* München 1999.

Numbers, Ronald L. (Hg.): *Galileo Goes to Jail – And other Myths about Science and Religion.* Cambridge 2009.

Pauli, Wolfgang: *Physik und Erkenntnistheorie.* Braunschweig 1984.

Rossi, Paolo: *Die Geburt der modernen Wissenschaft in Europa.* München 1997.

Rost, Dankward: *Pawlows Hunde – Die Legende von der beliebigen Manipulierbarkeit des Menschen.* Stuttgart 1993.

Schivelbusch, Wolfgang: *Geschichte der Eisenbahnreise.* Frankfurt a. M. ³2004.

Schwanitz, Dietrich: *Bildung – alles was man wissen muss.* Frankfurt a. M. 1999.

Schummer, Joachim: *Nanotechnologie – Spiele mit Grenzen.* Frankfurt a. M. 2009.

Searle, John R.: *Die Konstruktion der gesellschaftlichen Wirklichkeit*. Reinbek 1997.

Shapin, Stephen: *Die wissenschaftliche Revolution*. Frankfurt a. M. 1998.

Stent, Gunther S. (Hg.): *The Double Helix – A Norton Critical Edition*. New York 1980.

Tautz, Jürgen: *Phänomen Honigbiene*. München 2007.

Vasold, Manfred: *Die Spanische Grippe*. Darmstadt 2009.

Vollmer, Gerhard: *Was können wir wissen?*, 2 Bde. Stuttgart 1986.

Vreeman, Rachel C. / Carroll, Aaron E.: »Medical myths«, in: *British Medical Journal* 335 (2007), S. 1288 – 1289 und »Festive medical myths«, in: *British Medical Journal* 337 (2008), S. 2769; Anfragen an <rvreeman@iupui.edu>.

Waller, John: *Fabulous Science – Fact and Fiction in the History of Scientific Discovery*. Oxford 2002; hier das Kapitel »Alexander Fleming's Dirty Dishes«, S. 246 – 267.

Weizsäcker, Carl Friedrich von: *Wahrnehmung der Neuzeit*. München 1983.

Williams, Mary B.: »Falsifiable Predictions of Evolutionary Theory«, in: *Philosophy of Science*, Band 40 (1973), S. 518 bis 537.

Dank

Ich danke Annalisa Viviani für ihr wunderbares und verständnisvolles Lektorat und dem Verlag – namentlich Thomas Rathnow, Tobias Winstel und Heike Specht – für die Geduld bei der Fertigstellung des schon länger geplanten Manuskripts. Immerhin sind zwei andere Bücher in der Zwischenzeit fertig geworden. Das Schreiben ist des Fischers Lust, und er dankt sehr für die Möglichkeit, immer weitermachen zu dürfen.

Personenregister